城市生态修复中的园艺技术系列
Urban Horticulture for Eco-restoration in Cities

城市特殊生境绿化技术

Solutions to Urban Greening in the Built Environment

胡永红 著

中国建筑工业出版社

图书在版编目(CIP)数据

城市特殊生境绿化技术 / 胡永红著 .—北京：中国建筑工业出版社，2019.12

（城市生态修复中的园艺技术系列）

ISBN 978-7-112-24501-7

Ⅰ.①城…　Ⅱ.①胡…　Ⅲ.①城市—绿化—园林植物 Ⅳ.①S731.2

中国版本图书馆CIP数据核字(2019)第283745号

城市生态修复的核心是在城市中再造自然，即针对破坏了的城市生境，采取工程技术措施对生态要素重新优化拟合，营建适合城市居民生活的新生态空间。本书首次围绕城市环境难题、生境再造、城市韧弹性和特殊生境绿化概念等做了深入的分析和探讨，尝试把植物生理和生态学的相关理论，如根冠平衡和营养循环理论应用于城市特殊生境，从平衡修剪、节水灌溉及精准营养补充等方面提出了可持续维护技术。本书对移动式绿化、屋顶绿化、建筑立面绿化、行道树绿化几方面做了综合归纳和技术分析，供相关学者、大学生和城市管理者参考应用。

It is necessary to rebuild nature within cities to countermeasure the destroyed urban habitats, to optimize ecological factors with engineering and technological methods, and to build new eco-space for citizens. This book took intensive analyses and discussions on environmental challenges, rebuilding habitats, eco resilience and special habitat greening in cities for the first time. The theories of plant physiology and plant ecology, like Penjing (Bonsai) theory and root-shoot balance theory were introduced into urban special habitats. Sustainable maintenance technologies include balanced pruning, water-save irrigation and precise nutrition supply. The professional comprehensiveness of portable garden, roof garden, vertical garden and street trees should be a good reference book for the related scholars, college students and city administrators.

责任编辑：杜　洁　孙书妍
责任校对：党　蕾

城市生态修复中的园艺技术系列
城市特殊生境绿化技术
胡永红　著

*

中国建筑工业出版社出版、发行（北京海淀三里河路9号）
各地新华书店、建筑书店经销
北京点击世代文化传媒有限公司制版
北京中科印刷有限公司印刷

*

开本：787×1092毫米　1/16　印张：9½　字数：197千字
2020年1月第一版　2020年1月第一次印刷
定价：88.00元
ISBN 978-7-112-24501-7
（35036）

序

拿到《城市特殊生境绿化技术》一书感觉沉甸甸的，因为这标志着胡永红博士主持的“城市生态修复中的园艺技术系列”丛书的完整付梓，可喜可贺。5 本书花费了 10 多年的时间，他们团队为此付出很多努力，实属不易。《移动式绿化技术》《屋顶花园与绿化技术》《建筑立面绿化技术》《行道树与广场绿化技术》和本书分别从移动式绿化、屋顶花园、建筑立面绿化、行道树绿化等方面系统论述了概念、理论、理念和方法技术，以及特殊生境绿化概念、特点和技术，既有浓厚的学术研究成果的展示和分析，使我们更好地理解城市特殊生境绿化，又有具体的相关绿化技术分析说明，有助于实践应用。在当前鼓励和加强生态文明建设的形势下无疑具有重要的理论价值和现实意义。

正如书中所言，现阶段我国城市发展的主要矛盾是不断增加的城市人口及其对美好生活的需求与不均衡不充分的生态绿地资源之间的矛盾。快速城市化在带来经济发展、社会进步和住房改善的同时，也产生了严重的热岛效应和环境污染等城市问题。随着城市化进程的加快，城市规模不断扩大蔓延，造成目之所及都是硬质的建筑物、沥青或混凝土道路。国内大部分城市的人均公园绿地还远低于西方发达城市的平均水平，而高密度人口聚集、高密度建筑分布的结果导致可绿化空间不断压缩、自然生态空间不断萎缩、城市韧弹性不断下降。这是由中国国情所决定的，是不同于西方发达国家的严峻形势。为此，胡博士团队聚焦城市绿化发展的核心问题，站在城市可持续发展的高度，从城市发展整体思考，认为必须下大力气解决不透水下垫面的生境重建问题，这是实现城市生态修复的必由之路，是构建海绵城市、恢复和提升城市韧弹性的重要途径。他们的工作已超越绿化本身，不是一般意义上的种植花草树木，而是在为城市设计和更新认真探索城市问题的解决之道。

城市中大量的屋顶、建筑物立面、道路广场等特殊生境提供了巨大的潜在绿化机会。通过相关技术研发，采用工程化手段，实现硬质空间的软化和绿化，将环境的负效应转化为正效应，有利于韧弹性城市的构建。本书专门论述了可持续城市绿化维护技术，具有相当的前瞻性，为城市的软化、城市修复乃至城市更新和升级提供了方向。

本书在理论方面围绕城市环境难题、生境再造、城市韧弹性和特殊生境绿化概念等做了深入的分析和探讨。向自然学习，根据城市不同生境和不同需求，运用生境相似性理论，从类似于这些生境的自然中筛选出不同类型的植物，适应城市特殊生境长期生长的需求，提出了筛选植物的6条策略。考虑到城市特殊生境条件下植物生长所面临的有限空间问题，对把根冠平衡和营养循环理论应用于城市特殊生境做了尝试性分析，从平衡修剪、节水灌溉及精准营养补充等方面提出了可持续维护技术。研究结果对相关学者、专业大学生和城市管理者具有理论指导意义和实际应用价值。本书对移动式绿化、屋顶绿化、建筑立面绿化、行道树绿化几方面做了综合归纳和技术分析，有助于该行业从业者参考应用。

胡博士团队能够把多年来的研究积淀加以整理整合，系统地呈献给大家，反映了他们强烈的社会责任感。这些论文、专著、专利、研究报告等都是非常宝贵的学术财富，希望能加以整理，以附录或专辑的形式早日回馈社会。

最后，我想提三点建议：一是由于城市生态的复杂性和特殊性，应继续研究特殊生境绿化中的科学问题，比如肥水可持续性和植物根冠相关性等，以不断丰富学术理论，为行业提供更好的理论支撑；二是加强城市植物生态的系统研究，围绕高抗性植物培育、新介质材料开发、可持续栽培技术等全面系统的知识进行总结；三是尽快把本书的内容凝练提升，使其更加体系化，并编写成适合大学生的教材。

是为序。

张启翔

2019年12月2日

前　言

2018年初，上海发布了《上海市城市总体规划（2017—2035年）》，提出了卓越全球城市的目标——“建筑是可以阅读的，街区是适合漫步的，公园是最宜休憩的”。希望各个年龄段的市民享受健康的生活方式，“跑步的人可以有地方跑，在家附近就有一片绿肺，跑累了坐在草地上看看鸟儿发发呆，就可以彻底地放松下来”。多么美好的城市愿景啊！上海要建设可持续发展的生态之城、低碳之城和韧性之城。然而，生态资源先天不足，市区周边缺少自然森林的庇护，在城市化进程中又消亡了300多条河道，大大削弱了暴雨径流调节能力；人口的持续增长加重了生态足迹压力，日益增加的生活源污染、庞大的汽车保有量带来的尾气污染等使得环境污染问题不容小觑；房地产和市政基础设施的逐年增长造成城市不透水下垫面的不断扩张，不但加剧了热岛效应，而且使城市内涝频发。可见，城市安全形势依然严峻。因此，上海距离生态宜居之城的目标还有很长的路要走，还有很多难题需要解决。面对破坏了的城市生境，怎样修复和转化？怎样变不透水下垫面为生态下垫面？怎样提高城市韧弹性？

21世纪是城市世纪。城市化已成为新时期全球最大的变革趋势之一，已有超过50%的世界人口居住在城市里，预计到2050年将有70%的城市人口。但快速城市化过程中资源、环境和安全问题是制约城市可持续发展的瓶颈，日益频繁的极端天气事件、洪水、干旱和环境污染等灾害使人类面临巨大的挑战。城市发展与城市问题从没有像今天这样受到学者和城市管理者，甚至普通市民的普遍关注。2016年6月联合国公布了《新城市议程》，指出了可持续城市发展目标和全球标准，提升城市生态系统服务功能、增强城市韧弹性成为可持续城市发展的关键。中国更是如此，正如彼得·霍尔（Peter Hall）爵士谈及中国城市化和中欧城市发展的比较时所言：“21世纪是中国的城市世纪”。中国的城市化水平从1980年的19.4%快速增长到2017年的58.52%，已经有逾8亿人生活在城市里。庞大的人口基数、高密度的人口规模决定了中国城市化进程的特殊性，不可能像美国、英国等发达国家那样走郊区城市化道路，相反，应当采取集约城市化模式，实行紧凑型、高密度人居住区形式。然而，这种城市结构和格局带来更严峻的资源和环境压力，建筑与生态空间的竞争和冲突更为突出，绿色基础设施保护和扩建更为艰难，人均绿地资源格外偏低，城市韧弹性更弱，使可持续发展目标的实现更加困难，必须探索城市未来的生态、生境和生机发展之路。

现阶段我国城市发展的主要矛盾是不断增加的城市人口及其对美好生活的需求与不均衡不充分的生态绿地资源之间的矛盾。一方面，城市需要不断满足人们基本的住房需求，城市人口的增加又加剧了这种需求，而且受市场利益驱动，有限的城市用地空间不断被高密度建筑群挤占，不透水下垫面规模大、比例高；另一方面，城市环境安全质量和宜居性低下，人们的环境危机意识逐渐增强，对生态用地的需求更为迫切。鉴于此，必须针对中国城市化过程中突出的生态环境与城市发展矛盾找到有效解决办法。面对新形势下高密度的城市建筑、道路广场等不透水表面，在维持其基本驻留和通行功能的同时，通过再造自然实现生态复合功能，将成为可持续城市建设的必由之路。城市生境修复将在一定程度上弥补不透水表面的生态缺失，变生态负效应为生态正效应，可在一定程度上弥补城市绿地空间的不足，提高城市整体的韧弹性。

城市生态修复的核心是在城市中再造自然，即针对破坏了的城市生境，采取工程技术措施对生态要素重新优化拟合，实现被破坏生态系统的修复与转化，使其成为适合城市居民生活的新生态空间，维持城市生存和发展所必需的重要成分。绿色植物作为独特的生产者和唯一自净者，是实现城市生态修复的最核心要素，起着其他基础设施无法替代的重要作用。然而，昂贵的城市用地增加了拓展绿地的难度，需要充分利用这些不透水下垫面重建第二自然，实现生态修复。比如屋顶花园、建筑立面绿化、移动式绿化、行道树绿化等是分别针对建筑物顶部和立面、城市广场和道路等典型的城市特殊生境而采取的绿化形式。

在城市有限空间条件下，如何重建生境、拓展绿化空间，以及使植物能在人为干预条件下获得长期可持续健康生长？在城市更新时，如何结合市政设施改造为植物提供生长空间，从而提升城市韧性？不同于地面自然土壤绿化，在城市不透水下垫面重建绿化系统，需要采用工程化的技术手段实现特殊形式的绿化，起到改善环境和提高绿化面积的多重功效，这无疑成为解决中国城市问题的重要策略，具有特别重要的理论价值和实践意义。

2002 年，上海人均公共绿地面积达到 9m^2，顺利获得“国家园林城市”称号，这是上海自 1997 年加大城市绿色基础设施建设的一个阶段性成果，但城市的许多环境问题依然严峻：大量硬质的下垫面如何软化，如何转化为具有生态功能的绿化空间等。为此，2003 年初著者制定了长期的研究计划，即在城市特殊生境下，通过改善和重建生境，筛选适生的植物，并开发相关的配套技术等，拓展城市的绿化空间。与此同时，成功开展了绿色建筑适用植物及其群落的生态功能评价、植物抗逆性（耐旱、耐湿热和耐低温胁迫等）实验、介质原材料的筛选和介质配方的优化、一体化栽培技术、屋顶绿化技术、拼装式垂直绿化技术等方面的研究。经过十多年的努力，对涉及的空间、植物、介质和设施有了深刻的认识，研发了成套的特殊生境绿化技术，获得了一系列理论和技术成果。

研究团队共投入 30 多人，其中专职研究人员 10 多人，研究生超过 20 人，先后获得国家科技部和上海市科学技术委员会专项支持 10 余项，团队发表相关论文 100 多篇，专利 10 余项，获得上海市科技进步一等奖（1 项）、上海市科技进步二等奖（1 项）和上海市科技进步三等奖（2 项）。其中，2010 年上海世博会是上海特殊生境绿化发展的一个重大机遇期，当时著者团队承担了世博会主题馆 6000m^2 的植物生态墙的科技支撑任务。该项目取得了巨大成功，为特殊生境绿化的深入研究和大面积应用奠定了良好基础。

在整理相关的研究成果基础上，著者先后出版了《移动式绿化技术》《屋顶花园与绿化技术》《建筑立面绿化技术》《行道树与广场绿化技术》，与本书构成“城市生态修复中的园艺技术系列”丛书，旨在为城市多个类型的特殊生境提供绿化技术支持，提高城市韧弹性。本书作为这套丛书的收尾，在分析屋顶、建筑立面、道路、广场几类生境的特殊性（第 3 章）基础上，从生境重建（第 4 章）、植物筛选（第 5 章）、配套设施（第 6 章）、营造工程技术（第 7 章）几方面系统比较分析了不同特殊生境的绿化技术。但并不是简单的归纳和概括，而是进一步系统分析了城市环境难题形成原因与过程、城市中再造自然的必要性和可行性（第 1 章），从而更好地理解城市生态修复的背景和意义。进一步介绍了城市特殊生境绿化的概念、特点、类型、现状和问题（第 2 章），从总体上认识和理解特殊生境绿化。从树冠和根系的平衡修剪、节水灌溉、精准营养补充、病虫害绿色防控技术等方面分析了可持续维护技术(第 8 章),作为未来城市特殊生境绿化管理的导向。最后，做了系统的总结，归纳了本书的新理念、新产品（品种）和新技术（方法），并进行了反思和前景展望（第 9 章）。希望本书的出版能帮助相关学者、城市管理者、专业学生和广大读者更好地理解和认识城市特殊生境绿化，也有助于从业者掌握行业新技术、新方法、新材料和发展趋势。

中国城市化的特殊性决定和制约着城市生态空间格局和绿化方式的特殊性，需要选择适合中国的城市生态修复策略,以针对性地解决中国城市问题。数十年来，我国在人口城市化、灰色基础设施和建筑业硬质景观方面取得了举世瞩目的成就，但由此带来的城市生态系统破坏也尤为突出，必须弥补绿色空间不足，大力发展特殊生境绿化。

正是因为中国城市化的特殊性，我们比西方发达国家的城市更加需要屋顶花园、建筑立面绿化等特殊空间绿化。这些年，屋顶绿化技术已经相对成熟，大部分有条件的平屋顶和部分坡屋顶可以进行绿化。随着模块化绿化技术的应用，城市绿化形式更加多样化、植物材料更加丰富。然而，由于种种原因，包括上海在内的很多城市对硬质下垫面的绿化并不理想，规模不大，很多地方仍停留在示范阶段。对特殊空间绿化的重要性和迫切性还需要全社会凝聚共识，需要城市管理者加大实施力度。

当然，还需要相关学者深入研究特殊空间绿化实施中的技术难题。比如，未来的屋顶花园和建筑立面绿化应实现精准施肥和灌溉，这既是节水节肥的需要，更是防止加重径流水污染的要求，还是实现中度生长势的要求。未来的行道树能够在有限的树穴空间条件下实现最适宜的排水和保水保肥，能够在地下水位非常高的条件下实现根系的横向合理布局和可持续生长，在弄清楚根系地下生态空间原理的基础上构建最优化的行道树栽培技术。总之，未来的城市不会再受到硬质下垫面的束缚，变害为利，通过城市特殊生境的修复和转化，鸟语花香的美丽家园一定会到来，可持续的生态之城一定会实现。

感谢“城市生态修复中的园艺技术系列”丛书全体参编人员以及多年来参与相关课题研究的同事和研究生，包括同事秦俊、严巍、黄卫昌、叶子易、陈伟廉、高凯、宋坤、王静、郭纪光、冷寒冰、叶康、邢强、商侃侃、杨瑞卿、王本耀、钟珺军等，也包括研究生王红兵、赵玉婷、张杰、张斌、阙彩霞、张萌、张飞飞、孟超、惠楠和朱苗青等。特别感谢“城市树木栽培和养护管理”国际研讨会 2016、2018 两次学术会议的演讲嘉宾，尤其是来自美国莫顿树木园的 Gary 和 Jake，他们为本书编撰提供了丰富的思想和素材。本书所有文献都已进行了适当的引用说明，符合我国著作权法的要求。感谢行业领导在工作和研究过程中给予的关心和帮助，使研究得以顺利实施。感谢家人一直以来的关心、鼓励和支持，这些是我从事科研的动力所在。最后，特别感谢恩师北京林业大学张启翔教授对我工作的肯定，并在百忙之中欣然为本书作序。由于著者水平有限，虽经努力，书中缺点错误仍在所难免，欢迎读者批评指正。

致谢中国建筑工业出版社的高屋建瓴，在 2012 年就立项出版系列书籍，尤其是责任编辑杜洁，在出版过程中不仅认真细心，而且提出许多宝贵的意见和建议，对丛书质量的提升给予了极大帮助。

本书及相关研究获资助的课题来源是国家科技部“十五”“十一五”和“十二五”科技支撑计划以及上海市科委“科技创新行动计划”一系列课题的支持。特别是上海市科委“应对大客流的大型公共绿地可持续绿化技术研究与示范”（课题编号：18DZ1204700）课题的支持。

著者

目　录

01

第1章

城市化进程中自然的破坏与再造

当我徜徉于上海外滩，端详着一座座巴洛克式、哥特式近代西式建筑，抚摸着一块块雄浑的面石，眺望着对岸的“东方明珠”“环球贸易中心”和“上海中心”等鳞次栉比的现代建筑群，不禁感叹时空的浓缩。一边是彰显刚劲、雍容、华贵的历史建筑，仿佛倾诉着曾经的蹉跎和繁华；一边是洋溢高大、时尚、华丽的现代建筑，仿佛为今天的繁荣和勃勃生机引吭高歌。这时传来不远处的钟楼钟声和轮船汽笛声，唤起了无限的遐思：上海这座现代超大城市的最初景象是怎样的？它又经历过怎样的进化和蜕变？

当我彷徨于北京故宫，瞻仰着一座座金碧辉煌、气势磅礴的宫殿，不禁感叹古代帝王的奢华。殊不知古时高墙外曾有多少饥寒交迫、流离失所的百姓。我在尽可能地躲开繁华的西单、东单，去找寻北京城的文明史，曾经的城池、繁华和兴衰。

无论上海还是北京，不论中外大小，每一座城市都有其独特的历史。犹如生命体都有其出生、成长和成熟的不同阶段，甚至消亡的结局。如巴比伦城、特洛伊、玛雅和楼兰等城市早已消失。这些惨痛的教训振聋发聩。然而，很多城市的生态环境仍然令人担忧。城市里高楼林立，目之所及都是冰冷的混凝土结构以及宽阔的沥青马路，炎炎夏日无所遮蔽，热浪袭人，令人窒息。不禁要问，面对破坏了的城市生境，应该怎么做，才能不致重蹈消亡的覆辙？我们所渴望的美丽家园在哪里？心目中的公园城市应该是怎样的？答案在哪里？答案应该在我们人类自己手上。

1.1 城市进化简史

城市是人类社会发展到一定阶段的产物。从某种意义上讲，城市的发展史就是人类文明的进化史。在人类社会的早期，由于生产力水平低下，人们依赖原始的采集、渔猎为生，过着筑巢穴居的生活。随着生产工具的进步，生产力水平得以提升，生产和生活方式不断更新，逐渐形成定居点，出现原始村落。后来出现产品剩余，发生产品交换，出现阶级分化，逐渐形成以商业和手工业为主的城市（芒福德，2005）。

1.1.1 昨天的城市

城市是人类文明的坐标，是人类发展到一定阶段的产物。世界最早的城市应该出现在公元前 3500 ~ 前 3000 年的尼罗河和两河流域，如巴比伦。在印度河流域、地中海沿岸相继出现了雅典卫城等古代城池。我国最早的城市出现在黄河流域，如安阳殷墟、郑州商城等。但因生产力水平的限制，导致城市数目少、规模小、城市人口数量也小。

随着生产力的逐步发展，开始出现一些较大规模的城市，如罗马城曾超过 100 万人，成为当时世界上最庞大的都市，但罗马城缺少科学的规划，后来迅速衰败，到公元 7 世纪时人口仅剩 3 万。中世纪欧洲大多数地方的城市消失了。与此同时，中国处于封建社会的鼎盛时期，经济发展较快，城市数量和规模都有明显的增长，如汉代长安、唐代开封等，城市人口超过 10 万；北宋开封成为我国历史上第一个超过百万人口的大都市。随着海运的兴起，国际贸易逐渐兴盛，一批港口城市逐渐兴盛起来，如广州、福州、漳州。

文艺复兴时期西方城市得以全面复兴，涌现出一批新兴城市，如佛罗伦萨、威尼斯，已开始有意识地实施城市规划，比如放射状的城市布局，城市中心需要一个城市广场，开始规划医院、学校等公共设施。17 世纪初，荷兰大约一半人口已经生活在市镇中，一度成为欧洲城市化程度最高的国家。17 世纪后半叶，伦敦一跃成为欧洲最大的城市，已有景观优美的城市公园。东京、开罗、伊斯坦布尔的城市人口达到 30 万 ~ 70 万，其中伊斯坦布尔是 18 世纪最大的城市。其时正值中国明清时期，首都北京得到了发展，人口达 70 万，城市大规模兴建，其中皇家园林达到顶峰。

工业革命极大地推动了城市化的发展。随着机器大生产的兴起，经济快速增长，吸引大量的人口涌入城市，城市化进程显著加快，超过以往任何历史时期。英国率先推动的工业革命，催生了如曼彻斯特、伯明翰等一批新兴工业城市，到 19 世纪末英国城市化水平已达 75%。纽约在 20 世纪 20 年代已取代伦敦，成为世界城市的新中心（科特金，2014）。日本在明治维新后不到半个世纪的时间里城市人口翻了一番，东京到 1930 年迅速发展为亚洲第一大都市。新加坡凭借其独特而优越的地理位置迅速发展成为世界重要的港口城市；北京曾是 19 世纪世界上最大的城市，人口达 110 万，但很快被东京和纽约超越；20 世纪 30 年代，上海已成为远东中心城市。

第二次世界大战后，随着经济的快速恢复和发展，无论发达国家还是发展中国家，城市化都有了较快的发展。不过，拥挤的城市带来了一系列新的问题，比如热岛效应、污染加重和犯罪率上升，严重影响人们的生活质量。所以出现了逆城市化趋势，即一部分人口向郊区扩散的郊区城市化，以美国和英国最为典型。

1.1.2　今天的城市

城市化 [一般用某一国家、地区或城市范围某一时期城镇（常住）人口占总人口的百分比表示] 已成为全球化的普遍发展趋势，世界城市化水平不断提升，到

2009 年首次突破 50%，其中发达国家城市化率普遍达到 75% 以上。总体上，当代城市化表现为大都市化趋势明显，大城市数量不断增加，而且人口规模也在快速增长。2000 年，世界上大都市区数量达 806 个。国外如纽约、东京、巴黎等超大城市（mega-city）人口超过 1000 万；国内如重庆、上海的人口在 2000 万以上，北京、成都、深圳等在 1000 万以上，百万以上人口的大城市近 300 个。

为进一步推动区域发展，加强城市间联系与合作，以中心城市为龙头建立包含若干城市的城市集合体（共同体），即城市群，成为世界上一些主要区域的发展形式，如美国东北部大西洋沿岸城市群、北美五大湖区城市群、欧洲西北部城市群、英伦城市群、日本太平洋沿岸城市群。我国的城市群已自成体系，包括长三角城市群、粤港澳湾区城市群、京津冀城市群、长江中游城市群、成渝城市群等，通过区域一体化发展增强国际竞争力，实现新型城市化。

无论是昨天的城市，还是今天的城市，经历了从无到有、从零星（小市镇）到聚集（大都市、城市群），城市发展经历了农耕时代、工业时代和后工业时代（信息时代），人类历史整体上表现为城市化的不断进步。1850 年全球人口为 10 亿，城市化水平为 10%；80 年后达到 20 亿，城市化水平上升到 20%；30 年后 30 亿，城市化水平达到 30%。此后大约每隔 12 ~ 15 年增加 10 亿人（福尔曼，2017）。如今全球人口 74 亿中超过一半的人口生活在城市。城市发展有成功也有失败，人们从对环境的朴素认识，到对掠夺资源的贪婪，再到反思之后的觉醒，反映了人类认知的不断深入、科学、理性和觉悟。城市化正在往前推行的路上。

1.1.3 明天的城市

可以说，人类已经迈入城市纪元（Hall & Pfeiffer，2013；黄璐 等，2015）。城市化一方面具有显著的聚集效应，表现为人口、产业、资本等要素的集中和规模化，给人们带来了生活和服务的便利；另一方面城市化产生明显的融合效应，促进不同产业和产业内部经济体的相互影响，实现再分工和重组，促进城市经济规模不断扩张。这种人口、资本、资源、信息及技术的不断积累和聚集推动着人类社会的发展，所以城市的发展决定人类的未来，实现和提升城市化已成为全世界的共同目标。预计到 2040 年世界人口将达到 85 亿，城市化水平将达 75%。

城市化在给人类带来财富和便利的同时，也带来了一系列生态和社会问题。首先表现为对自然生境的侵占和破坏，大量的城市用地被各类建（构）筑物、混凝土或沥青道路所占据，生态基底发生了根本性的转变，从自然软质基底转变为人工硬质基底，形成典型的混凝土“森林”。大量的不透水下垫面结构对土、水、热和空气等生态因子造成了强烈的干扰，形成特殊的城市生态系统。极端天气、环境污染及生物多样性减少（物种灭绝）等问题已成为全球性生态环境问题，世界各国从没有像今天这样需要共同面对和解决。

地球是人类共同的家园。联合国相继制定了《联合国气候变化框架公约》《京都议定书》《巴黎协定》，旨在约束各国经济发展模式，减少温室气体排放，应对气候变化，走可持续发展之路。这为未来城市发展提供了良好的国际氛围。我国在经过了改革开放 40 年的经济硕果和经验积累之后，进入生态文明发展阶段。未来的城市将遵循环境优先的发展理念，大力拓展生态绿色基础设施，发展绿色产业，营造处处鸟语花香、蓝天碧水，实现人、自然（生态）、社会、经济和文化的统一，实践可持续绿色发展模式。未来的城市将是生态之城、宜居之城和韧性之城。

1.2 中国城市化的特殊性

1.2.1 中国城市的特殊性

诺贝尔奖获得者约瑟夫·斯蒂格利茨（Joseph Stiglize）认为“中国的城市化与美国的高科技发展将是深刻影响 21 世纪人类发展的两大课题”。城市化作为世界各国经济和社会发展的共同选择，在英、美、日等发达国家进入城市化的成熟阶段后，广大发展中国家也在开展城市化进程。不过，一些国家出现了城市化与经济发展水平不一致的问题，像巴西的过度城市化导致城市问题严重，甚至出现经济倒退的困境。中国曾经因为僵化的户籍、土地制度一度使得城市化滞后于工业化水平，改革开放后城市化随着经济规模的日益壮大而不断保持增长，加上庞大的人口规模基数，使中国的城市化成为全球城市化进程中的重要一极。

中国城市发展的特殊性主要体现在以下几个方面。

（1）发展阶段低。截至 2017 年，中国城市化水平为 58.5%，处于中等水平，与经济发展水平不协调；而美、英、日发达国家已经达到城市化高级阶段，城市化水平在 80% 以上，与经济发展水平相协调。虽然中国城市化水平低于发达国家，但不像拉美国家的过度城市化，人口城市化明显超出了经济水平，带来一系列后遗症。随着新型城镇化持续推进，一些地方出现了不同程度的人口城市化过快问题，需要进行一定程度的自我校正，中国城市化水平仍处于上升阶段。我国城市化起步晚、速度快，带来了一系列的问题，主要表现在人口基数大、生态底子薄、资源压力大、环境治理难。在发展与保护的平衡关系上，中国明显不如西方发达国家，可以说，中国的城市发展仍处于粗放型发展阶段（李成宇，2017）。这种发展方式是不可持续的，应该增加绿色基础设施，提高城市化质量，推进人口、经济、社会、资源及生态的“五位一体”。

（2）人口密度大。改革开放以来，大量的农村人口流入城市就业，在一定程度上促进了城市化进程。大量人口向城市集中，一方面使城市规模不断扩大，涌现出越来越多的大城市、特大城市和超大城市，仅 1000 万以上人口的超大城市已经达到 7 个，分别有北京、上海、广州、深圳、重庆、天津和武汉，其中上海 2018 年常住人口已达 2415.3 万人；另一方面，造成中心城区人口密度急剧增大，以上海为例，2015 年全市平均人口密度 3809 人 /km^2，但中心城区（7 区）高达 26184 人 /km^2。

人口的大量涌入带来一系列生态、资源、环境和社会问题。上海作为中国最大的城市，人口已经从 1978 年的 1098 万人增加到 2018 年的 2415 万人，2016 年的城市化水平为 87.6%，成为一座典型的超大城市，总人口数低于日本东京，但高于美国纽约。美国、日本的城市化水平早在 20 世纪七八十年代就达到 80% 以上，而且趋于稳定。以纽约、东京和上海三大都市区为例（表 1-1），三大都市区 2000 年人口分别为 2120 万人、3290 万人和 1641 万人，人口密度分别为 1821 人 /km^2、2427 人 /km^2 和 2513 人 /km^2。其中纽约以曼哈顿核心区人口密度最大，其次是纽约城中心区，整体上区域内密度相对均衡，周边中心相对不明显，表现为低密度和均质化；东京人口呈多中心均衡分布模式，以中心区最大，副中心发展成熟，表现为高密度和多中心；上海以核心区最大，其次为中心城区，表现出较强的极化现象，属于中心高密度、向外圈层式递减的单中心模式，并且核心区、中心城区和都市区三种尺度上的人口密度均大于纽约和东京。从时间维度上看，上海总人口是增加的，"六普"比"五普"增加了 628 万人，其中内环内减少 11.4 万人，内环外和外环内增加 324.4 万人，外环外增加 315 万人。可见内环内的核心区人口密度是逐渐降低的，而内环外、外环内和近郊区的人口密度都是增加的。2003 ~ 2012 年，上海和东京都市区的人口增长率分别为 29.33% 和 6.61%，而中心城区分别为 －5.7% 和 7.32%（张国强，2015）。可见两城市人口空间变化趋势差异明显，上海表现为市域整体的人口正向增长和中心城区的负增长，东京则表现为中心城区和郊区的人口均衡增长。上海尽管在逐步疏解中心城区人口，但仍未摆脱高密度状态，2015 年内环内为 2.99 万人 /km^2，外环内为 1.71 万人 /km^2。

纽约、东京和上海三大都市圈的人口规模比较 **表 1-1**

地域	面积（km^2）	人口总量（万人）	人口密度（人 / km^2）
纽约	11642	2120	1821
核心区（曼哈顿）	60	154	25850
中心区（纽约城）	789	800	10139
东京	13556	3290	2427

续表

地域	面积（km^2）	人口总量（万人）	人口密度（人 / km^2）
核心区（都心）	42	24	5714
中心区（区部）	598	884	14783
上海	6529	1641*/2301.9**	2513*/3523**
核心区（内环内）	118	367*/355.6**	31102*/30280.8**
中心城区（外环内）	660	915*/1228**	13863*/18605**

注：纽约、东京为 2000 年数据；* 为 2000 年“五普”数据；** 为 2010 年“六普”数据。

（3）老龄化社会。按照联合国标准，当一个国家、地区或城市 65 岁以上人口占比达到 7% 就表明进入老龄化阶段。2016 年纽约、东京和上海的 65 岁以上老年人口比例分别为 12.1%、22.2% 和 14.3%，可见上海的老龄化程度已经超过纽约、低于东京。预计上海到 2030 年 65 岁以上老年人口比例将达 19%，需要更多考虑老年人的需求。比如，老年人往往年迈体弱，不便远足，希望在家门口看到绿色，快捷地进入绿色空间，就需要配置更多就近的绿化空间。

（4）建筑密度高。为了减少人口对耕地的威胁，中国城市大力发展高层住宅。由于中国高密度人口和高容积率政策的双重导向，在一定程度上拉低了人均公共绿地面积。大量的高层、小高层建筑林立于中心城区，甚至郊区也越来越多地出现高密度建筑群。上海居住用地占 26.0%（2011 年），远低于纽约（42.2%，2006 年）和东京（58.2%，2006 年）；建设用地内的绿地率上海（6.2%，2011 年）与东京（6.3%，2006 年）接近，远低于纽约（25.4%，2006 年）。居住用地和绿地的反差进一步说明了上海居住建筑密度之大。另外，上海的工业用地（23.1%，2015 年）远高于纽约和东京，反映了上海建设用地结构非常不合理，挤压着生态空间。高密度的建筑格局严重侵占绿地空间，如何提升高密度建筑条件下的生态空间成为可持续城市发展的重大命题。此外，建设用地内绿地的形态和管理模式也影响着绿地功效。上海表现为相对独立和封闭的居住小区和单位，不利于居住区绿地空间的共享，降低了资源服务功能，而东京、纽约更多地体现为开放式居住单元。

（5）居民认知差异。世界卫生组织报告认为，晒太阳对人有好处，无论春冬季还是夏日，晒太阳都能强身健体（朱立文，2017）。西方人喜欢享受日光浴，但中国人却片面担心晒黑，怕强的紫外线危害健康。适当接受日光浴能振奋精神、增强细胞免疫力，但过度照射会对黄色皮肤形成过敏反应，还会加快皮肤衰老速度，甚至诱发皮肤癌（文超和马诺，2011）。所以，在中国需要配置较多的树木，形成林荫广场，否则会降低广场的使用率，这与西方很多城市的广场绿化不同。

总之，把中国的城市化特征置于国际比较视野下审视是非常必要的，以更准确、更理性地理解中国城市的特殊性。基于中国城市表现出不同于西方发达国家和城市的多个特征，不应该盲从和照搬西方现成的模式，而应该根据中国国情采取合理的解决方案和对策，寻找中国模式。

1.2.2 中国城市生态问题的特殊性

“19 世纪是属于英国的，20 世纪是属于美国的，21 世纪则属于中国，不管人们喜不喜欢，这是事实。”这是 2014 年美国著名的国际投资家吉姆·罗杰斯教授的论断（罗杰斯，2017）。美英等西方发达国家经过了长期的资本积累和技术垄断，经济获得空前成功，建成了“青山绿水、鸟语花香”的美丽家园。目前中国已是世界第二大经济体，在经济高速发展的背后，面临环境保护的巨大压力，严重制约着可持续发展。

我国城市的生态问题具体表现在以下几个方面。

（1）发展与环境的矛盾。中国长期片面追求 GDP，产生严重的生态后果，包括城乡空气、土壤和水体污染，噪声污染及生物多样性下降等，以及由此产生的二次污染、食物链污染，危及人和生态系统的健康。当城市发展到一定程度时认识到环境保护的重要性，采取“退二进三”（利用土地级差地租把城区第二产业退出，置换到郊区；同时城区引入第三产业）等政策促成污染型企业退出中心城区，在一定程度上改善了中心城区的生态环境。然而，城区企业外迁造成污染转移和污染扩散，更难治理和管理。由于城市生态系统的开放性，城乡存在密切互动关系，乡村地区的污染必然波及城市，需要从区域尺度对待生态环境问题。上海夏季空气质量受江苏中南部、浙江中北部以及安徽中南部等地影响较为显著，而冬季受更大范围影响，主要包括河北南部、河南中东部、山东等地（刘超等，2017），可见一个城市不可能独善其身，需要从更大范围周边区域统筹解决环境问题。上海从 20 世纪 90 年代以来不断推行中心城区企业外迁至郊区，实行“三个集中”，即农业向规模经营集中、工业向园区集中和农民居住向城镇集中，先后建立了 300 多个工业园区，在一定程度上减轻了城区的环境压力，但在郊区更大尺度上仍然受到污染制约。同时，居住和工作空间割裂与间距增大使城市交通压力更大，由此带来的汽车尾气污染更加突出，使整个城市生态系统持续受到干扰和破坏。虽然上海环境保护力度很大，生态空间规划和发展力度较大，但由于历史生态环境欠账多，先天性自然生态资源严重不足，人口的生态足迹仍处于增加状态，这些都使得上海的城市环境问题不但比纽约、东京更多、更严重，而且解决的难度更大。

（2）污染源的演变。随着国家环境治理的深入和产业格局的重构，城市污染源正在演化中。当前，我国城市的污染类型主要包括大气污染、水污染、土壤污染和噪声污染等，严重危害人们的安全与健康，危害动植物多样性和安全，影响城市生态系统的功能发挥和循环。污染源主要有造纸、水泥、电力、化工等污染密集型产业，以及居民生活排放污染物、汽车尾气及化肥农药等，在不同国家、地区、城市，因发展水平、地理气候等因素的差异而表现出主要污染源的差异。研究表明，1999～2013年上海污染密集型产业占长三角污染密集型产业的比重从27.7%降至12.3%；上海的污染密集型产业呈明显的扩散态势，偏离份额系数为－5.55（邹辉 等，2016），为长三角地区最小值，其中在采矿业、纺织业、化学原料业等行业所占份额减少，分布中心逐渐转移至长三角其他城市。如采矿业转至苏州和宁波等地，纺织业转至绍兴和杭嘉湖等地，石油业、化学原料及电力业仍以上海所占份额最大，导致上海在水环境（COD）、大气环境（SO_2）方面处于高污染状态（邹辉 等，2016）。总体来看，随着产业结构调整和清洁能源替代等一系列污染控制措施的实施，上海的空气质量逐年得到改善（任婉侠 等，2013；徐冰烨 等，2017）。

我国城市大气污染类型已经从煤烟型污染转化为煤烟型与机动车尾气污染共存的复合型污染（高申，2012；Wang & Hao，2012；Duan & Tan，2013）。目前上海空气污染源以机动车尾气污染为主，超过60%（方良萍和李明敏，2008），贡献了29.2%的细颗粒物$PM_{2.5}$（陆锡明和邵丹，2017）。新能源汽车的污染物排放少或无，在可持续发展方面具有非常大的潜力。2017年上海的新能源汽车保有量达到10.3万辆，成为全球最大的应用城市（桑杨，2016；张伯顺，2017）。在可预见的未来，上海新能源汽车的大规模应用与公共交通系统的完善，将会显著降低机动车污染物的排放。但与此同时，生活源污染物排放持续上升，治理形势日益严峻。一方面人口总量持续增加，城市生态压力增大；另一方面，随着生活水平的提升，人均生态足迹增大，带来的生活源污染物将进一步增多。可以说，未来上海主要污染源将转为生活源污染物。日本东京在基础设施方面的规划和建设值得上海认真借鉴，以提高生活源污染物的处理功效。比如将减量化作为垃圾治理的长期策略，把实现垃圾分类作为资源化的基础工程（陈玲，2010）。

（3）缺少自然资源的生态空间。东京位于日本关东平原南端，地理狭长，地形多变，除了中部平原、丘陵外，周边被山地半包围，具有独特的生态纵深空间。并且，城市化水平高，绿地系统规划得到较好的实施和保护，成为世界超大城市生态有机平衡的典范之--。而上海一方面在地理上属冲积平原，平均海拔为2.19m，海拔最高点为大金山岛（103.70m，2017年10月《上海市第一次地理国情普查公报》），在远郊仅有10余处零星分布山丘，不能形成有效的自然山脉庇护，缺少自然森林、草地等生态纵深空间；另一方面，上海郊区农业用地占比达65%，缺少自然森林系统，成为上海生态资源的先天不足所在。现在，受制于中国严格的耕地保护制度，上海郊区不能大面积开展人工森林的营建，所以只能从城市内部深挖潜力，寻找一切可绿化空间，提高城区的绿化数量和质量。

（4）持续增长的人口规模与环境资源矛盾日益突出。作为一座生态资源严重不足的国际大都市，人口的持续增长进一步加剧了上海这一短板。城市人口过快膨胀，带来一系列问题。1982 年特大城市的人均居住面积仅 4m²，人均绿化面积为 4m²，其中上海仅 0.2m²。经过这些年的建设，2017 年上海人均公园绿地达 8m²，远低于美国标准（40m²/ 人），接近日本标准（10m²/ 人）。东京利用各种城市缝隙建成大小不同的公园，达 2041 个，其中小面积的街区公园和近郊公园占比 80% 以上，数量多，分布均衡（李艳，2018）。而上海有 217 个公园（2017 年），在数量和面积上都有较大差距，分布均衡性也较差。未来上海在中心城区拓展公园绿地的难度更大，除依靠旧城改造增加微型绿地外，应利用特殊空间生态修复增加硬质空间的绿地面积。

～ ～ ～ ～ ～ ～ ～ ～ ～ ～ ～ ～ ～ ～ ～ ～ ～

近年来，极端天气频发，暴雨内涝事件时时危害全球多个城市和地区，一个多世纪的记录表明呈递增趋势，特别在 21 世纪前后急剧增加，2006 年达到峰值。目前虽有减少，但仍处于高发期。暴雨内涝已成为很多城市不得不面对的安全难题，上海更不例外。上海地理上位于北亚热带湿润季风气候区，每年汛期台风、梅雨、强对流等天气系统均会引起持续时间长、强度大的暴雨，导致城区内涝积水、交通受阻，严重影响人们的出行、生活和工作，关系城市安全问题。上海每年受台风影响的平均次数为 2 次，影响最多的年份可达 5 ~ 7 次。在过去 60 年间，上海暴雨内涝灾害经常发生，其发生频次一直呈显著上升趋势（Du，et al.，2015）。2013 年 9 月 13 日，上海发生特大暴雨，短时间内部分城区降雨强度达 100mm/h 以上，很多路段积水达 20 ~ 50cm，一些立交桥积水更深，一度导致交通几乎瘫痪，部分地铁和一些居民家庭发生雨水倒灌。同年 10 月 7 日 ~ 8 日，上海又发生特大暴雨，在 440 个观测站中，154 个观测站 24h 降雨量超过 200mm，241 个观测站超过 100mm，导致 600 多户民居进水，道路积水严重。每一次暴雨内涝都不同程度地给人民生命和财产安全造成威胁和危害。

上海城市暴雨内涝的频发涉及因素复杂，既有全球气候变暖的影响，又有沿海台风因素，还有排水管网先天不足的问题。另外，一个更重要的因素就是城市可蓄渗空间的减少和不透水下垫面的增加。研究发现，1860 ~ 2003 年间上海中心城区有 310 条河流消亡，总长约 520km。究其原因，中华人民共和国成立前主因是修路填埋（70.4%），少数是长期淤塞而自然湮没的；中华人民共和国成立后绝大部分是市政建设、建造住宅和建校建厂的结果（91.1%）（程江 等，2007）。河流是重要的蓄水库，是暴雨来临时重要的缓冲空间，可大大减小排水管网压力。然而，上海在城市化过程中损失了许多河道，严重削弱了城市“韧性”，实在令人痛惜。此外，城市不透水面积却在日益增长中，主要包括各类建筑和城市道路。建筑面积在逐年增多，从 1985 年的 1 亿 m² 增加到了 7.9 亿 m²（《上海统计年鉴》）；城市道路，无论长度还是面积都呈现不断增加趋势（图 1-1）。

随着城市不透水面的增加，城市总径流量从 1979 年至 2015 年显著增长。其中，5 年一遇重现期下城市总径流增长最快，由 1979 年的 $1.29\times10^7\mathrm{m}^3$ 增加至 2015 年的 $1.65\times10^7\mathrm{m}^3$，年均增长率达 0.78%；10 年一遇、20 年一遇和 50 年一遇重现期下的总径流年均增长率分别为 0.66%、0.58% 和 0.49%（王丛笑，2017）。如何控制和降低不透水表面带来的生态负效应，需要从特殊空间绿化上认真考虑，软化不透水表面将是未来城市防涝的必然选择。

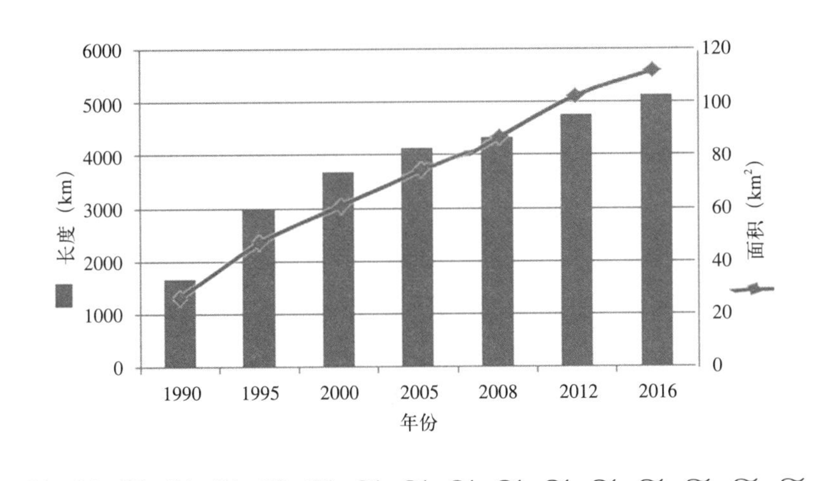

图 1-1　上海市区历年道路长度和面积（参考历年《上海统计年鉴》）

1.2.3　中国城市的未来——韧性城市

面对城市发展过程中出现的环境难题，一些学者提出了城市韧性（urban resilience）理论。城市韧性理论是目前国际上城市研究的热点和趋势（Meerow, et al., 2016; Jha, et al., 2013）。所谓韧性指城市应具有应对干扰的恢复力和维持期望功能的能力，当发生气候变化、污染等干扰产生的环境问题时，城市应综合社会、经济、生态方面通过调整、转化和修复等手段恢复正常功能，使城市系统不致崩溃。这是维持生态系统稳定性和健康的重要指标。显然，一个具有韧性能力的城市才有可能具有可持续性。

城市韧性理论可追溯到 1973 年 Holling 教授关于生态系统韧性的论述，他认为韧性对城市生态系统极其重要（Holling，1973）。城市是一个包含人口 - 社会 - 经济 - 生态的复合生态系统，面临人口聚集、硬质下垫面比重大、热岛效应严重、生境破碎等城市问题，需要应用韧性理论和方法提升城市的韧性，加强城市的正向功能。城市韧性除了生态韧性外，还包含经济韧性、社会韧性等内涵，但无疑生态韧性是其他韧性的基础，起决定性作用。

建筑物为人们提供了居住、生产、工作和学习的空间，但产生的负面作用也严重制约城市的可持续发展：不仅割裂了地表水和地下水的连通性，加剧了排水管网压力，侵占了大量自然土壤和植被，而且带来严重的热岛效应和光污染；湍流频发，造成风环境的紊乱；突兀而生硬的高大建筑体容易给人带来视觉的冰冷感和心理压抑感等。这些建筑物可通过前期规划和园艺技术进行生态修复，减少城市化带来的环境问题，在一定程度上实现城市韧性，更好地发挥城市正向功能。比如，利用屋顶绿化、立面绿化可降低热岛效应、截蓄雨水、增加生物栖息地等，移动式绿化可增加绿视率、提高热舒适度等，行道树绿化则可增加林荫空间、临时蓄积雨水等。

气候变化已成为全球关注的热点问题，关乎人类未来命运。其中一个共识是能源燃料的大量使用，二氧化碳排放是气候变暖的主要因素之一。联合国先后制定了《京都议定书》《巴黎协定》，作为全世界共同应对气候变暖的具有法律约束力的气候协议。城市化的持续发展进一步加剧了能耗，大量的建筑能耗已不局限于区域城市的问题，而是成为关系全球气候变化的主因之一。城市韧性与气候变化密切相关，采取措施增强城市韧性是阻止气候变化的重要途径，而屋顶绿化、立面绿化等城市绿化具有降低建筑能耗的明显功效，从而起到减缓气候变化的作用。

研究表明，城市化模式与政治体制、经济发展、人口和土地资源等条件密切相关（骆江玲，2012）。欧美发达国家城市化推动得早，城市化趋于成熟稳定，城市人口总量较少，人均绿色基础设施资源较多，宜居性较强。作为世界上人口最多的中国，随着城市化的持续推进，带来更严重的城市人口压力，人口密度远高于欧美发达国家的城市，使得人均绿地资源明显偏低。这与韧性城市和可持续发展目标相距甚远。

充分和合理的绿地资源是解决城市化带来的一系列生态环境问题的有效途径之一，是实现韧性城市的必然要求。现阶段我国城市发展的主要矛盾之一就是不断增加的城市人口与不均衡不充分的生态绿地资源之间的矛盾。深挖绿化潜力，如屋顶绿化等建筑物绿化方式，在中国显得尤为重要，成为高密度人口条件下弥补绿地不足的有效方式。这是解决中国城市问题的有效策略之一。

近 40 年来，中国的城市化水平增长很快，从 1978 年的 17.9% 到 2017 年的 58.5%，城市人口相应地从 1.7 亿增加到 8.1 亿。城市规模不断扩张，已有 134 个大城市、13 个特大城市以及 7 个人口 1000 万以上的超大城市。而且，中国城市化水平还在持续增长中。研究表明，城市化水平每提升 1%，人均生态足迹就会上升 0.21hm^2（胡雪萍和李丹青，2016）。另外，城市生态承载力因为持续的城市化进程而下降，导致生态赤字不断增加，更加不利于城市可持续发展。

上海在城市环境建设上存在一些问题，比如一些河道的填埋、污染性企业随意排放、中心城区高楼林立及人均绿地资源少等。研究表明，热岛效应与房屋建筑面积呈极显著正相关关系（R^2=0.7561，p=0.01）（彭保发 等，2013）。上海于

21 世纪初就开始在静安区大力发展屋顶绿化，如今在闵行区、徐汇区等多个区多种立体绿化总面积已达约 200 万 m^2，成效显著。而且还将在高架桥等特殊空间发展更多的立体绿化，以扭转人均绿地资源不足的局面。上海的成功探索将为全国更多的城市起到示范作用，推动城市化全面健康发展，提高城市韧性能力。

1.3 城市硬质环境绿化难题的探索

城市里大量的不透水下垫面导致土、水、热、空气、生物等生态因子的功能紊乱和低下。

（1）土壤。城市开发建设对地表造成很大破坏，比如森林、湿地、农田的侵占和破坏以及山体裸露，还产生大量的建筑垃圾和生活垃圾，严重破坏种植土的结构。建筑施工现场往往产生多余和废弃的混凝土残渣，施工机械泄漏或废弃的机油、柴油，路面施工铺设沥青混凝土过程中随意丢弃沥青和混凝土块，都会污染周边水土。许多城市为了解决地表建设用地不足问题，寻求地面、地上及地下的立体空间综合发展，而地下空间的深开挖过程会对周边环境造成多种不利影响，比如地表土层结构破坏、地上与地下割裂等。

（2）水文。大量的不透水表面阻断了雨水渗透，割裂了水系统的自然循环。很多城市里的河道被硬化，河床和堤岸被混凝土覆盖，人为破坏水文和水流生态上的联系，导致许多对生态循环起着重要作用的自然要素消失了，大量的雨水只能通过雨水管网排走而无法进入和补充地下水，很容易退化为臭水沟，城市水资源形势严峻。

（3）空气。各类工业生产消耗大量的化石燃料，产生烟尘和各种有害气体，与汽车尾气共同构成城市主要的大气污染源。建筑施工过程中往往也产生空气粉尘污染，表现在旧有建筑物拆迁产生的粉尘、建筑材料运输过程中产生的粉尘、地基基础施工中产生的粉尘，特别在气候干燥的北方城市，大风天气会进一步加剧粉尘危害，严重威胁城市大气质量，降低能见度，增加 $PM_{2.5}$ 浓度，危害人的健康，特别是加重呼吸道系统发病率。

（4）温度。城市里大量的硬质表面会吸收大量的辐射热，特别是沥青和混凝土材料具有更大的吸热效率和更小的比热容，吸热多、升温快，并向附近大气中散射辐射热，加上密集的建筑物和构筑物阻碍空气流动，不利于热量的散失，会造成积温的滞留，从而形成城市热岛效应（Urban Heat Island），即城区气温明显高于城郊，形成有别于周边乡村地区的特殊城市小气候现象。热岛效应带来一系列弊端，比如降低人的热舒适度、增加空调能耗、加重空气污染物的累积和危害，不利于人的健康和节约资源。

（5）生物。自然植被的破坏、丧失和破碎化产生多方面的环境问题，不仅导致生物多样性的丧失，而且引发水土流失、地下水短缺，失去了生物降解、固碳滞尘、降温增湿和减噪等功能，还缺乏观赏性，严重制约城市的宜居性。

由于人的社会性和主体性，城市生态系统被赋予了更多的社会、经济属性。“城市是由人类社会、经济和自然三个子系统构成的复合生态系统”（王如松，1988）。从城市的发展史就可见社会性和经济性是城市的基本属性，是城市功能的基本体现，也是城市文明发展的主要驱动力。然而，城市空间的有限性和土地紧缺形势容易导致用地方式的矛盾冲突。一方面，生产、生活和活动需要大量的建筑物、道路和广场等硬质空间；另一方面，人类的社会活动和城市优良的环境质量也需要一定的绿地空间。可见，这两方面的平衡至关重要。

1.4 城市自然再造的概念和必要性

针对城市生态系统出现的生态失衡、环境污染、宜居性下降等问题，必须认真围绕城市的现状和人类管理的责任进行严肃的思考。人类大力建设城市本来是为了获得更多的财富和创造更加便利舒适的环境，但如果不能处理好与自然的关系，片面追求 GDP，放任环境恶化，必然会受到大自然的惩罚。因此，破坏与重建的命题同样适合新形势下城市的反思与变革。城市需要自然，“修复生态，再造自然”成为必然的选择。生态学家和风景园林师已经从可有可无的配角走向城市可持续规划和建设的主角，成为“城市命运的工程师”（麦克哈格，2016）。生态文明建设从未像今天这样显得如此重要。

现代城市具有高度人工化的特点，是以高密度人口分布和大体量建筑物为典型特征的特殊生态系统。面对破坏和退化了的城市生态系统，再造自然是城市生态修复的必然选择，而再造自然的核心是再造生境，这是生物多样性支撑的基础。生境韧性将决定环境的韧性，所以城市绿化具有极其重要的意义。城市绿地的作用是多方面的，可提供观赏、生态、经济等复合价值。

绿色植被作为有效的解决之道已取得普遍共识。因为绿色植物是城市生态系统唯一的生产者，是唯一具有自净功能的成分，是城市生态平衡的调控者。所以城市植物是重要的绿色基础设施，是城市市政公用事业和城市环境建设事业的重要成分和有机成分，具有不可替代的关键作用。自然森林诚然具有纳碳吐氧、降温增湿、涵养水源等基本的生态功能，但人们利用的便利性和日常频率均较弱、较低，与城市居民的起居、休憩和工作环境相关性较低；城市绿地诚然是城市主要的生态空间，也是人们游憩的主要场地，但由于城市建设、经济发展和居住等都需要大量的建筑物、构筑物和道路等，绿地空间有限。

世界上大多数城市人均公共绿地面积不高，很多城市到处是水泥“森林”。无论工作、生活还是休闲娱乐，很多城市人每天大部分时间面对的是硬质空间。绿地虽然比自然森林走近了许多，但还是有距离的，往往被建筑物隔离，制约了人们的使用和体验。我们需要更近、更精致的绿化，无论走在街道上、道路上，无论室内、室外，无论远离地面多高，都应该随时随地看到绿色，形成连续、不被阻隔的绿色景观，真正身处自然，感悟自然之美。这正是特殊生境绿化所能带给我们的。它可以遍布屋顶、外墙、内墙、阳台、道路、街道等，人们视觉触及之处都可以布置绿化。空间、形式、景观的多样化，成为特殊生境绿化的优势，使我们生活的城市不再单调、乏味、灰暗、压抑和令人焦躁。可以说，城市特殊生境绿化通过先改生境、再造自然，克服了水泥“森林”对生境的破坏，在城市中再造自然，在一定程度上实现了人与自然的和谐共存。

1.4.1 城市再造自然的概念

城市是一个高度人工化的生态系统，各类建筑物和市政设施等灰色基础设施造成大量的不透水下垫面，带来一系列城市安全问题。为此，必须发挥人的主观能动性修复被破坏了的城市生境，通过城市绿地系统的构建，在一定程度上减小城市生态系统的失衡。而城市绿地系统的规划和建设在很大程度上是在城市里再造自然的过程。所谓城市中自然再造（rebuilding nature in cities），是指利用城市中一切可绿化的空间直接和间接地重建生境，按照人的需求和场地条件，营造群落模式和功能绿地,并采用人工干预模式进行管护的过程。概念有广义和狭义之分，从狭义看指营造拟自然模式的植物群落，体现自然演替特征；从广义看指一切体现自然过程的生态空间的重建和恢复，除了可直接绿化的大地（常规绿化）外，还包括在不透水表面人工重建生境的间接绿化，以及人工打破下垫面的不透水性而实现水文、土壤等生态化的过程。

本书主要采用广义概念，利用植被实现硬质下垫面的软化，先造生境、再造自然，把非自然景观转化为具有自然要素的景观也应归属于城市再造自然的范畴。城市再造自然的主要内涵有三点：①核心属性是“自然”，即生态化。一方面指与人工化相反的由自然植物和动物形成的景观，也包括初始人工化但后期自然化的景观。城市再造自然应高于一般的城市绿化，在现代很多城市常见的纯林模式、人工臆造的群落模式、需要大量人工的整形绿篱和草坪等，违背了自然规律；另一方面指增加和恢复被破坏了的生态空间，使更多的空间具有生态属性和功能，表达为地上与地下的生态循环。②关键特性和过程是“再造”。针对被破坏和缺失的自然，通过工程技术手段再现自然景观，即人造的自然。换言之，即第二自然，是根据自然原理营造的具有自然属性的景观，比如屋顶花园、树阵广场等。③空间格局是“城市”，指在城市里营造的自然景观，以服务城市里的人为宗旨。总之，城市再造自然强调人工的属性和自然的过程，逐渐形成具有自然属性的产物，优化和提升城市生态系统，提高城市韧性。

城市再造自然并非新鲜事物，在我国具有非常悠久的历史。孟兆祯(2002)指出，人类作为自然的一员，不能脱离自然，具有亲近自然的天性。中国园林以人工再造自然为典型手法，即第二自然，应该是世界上城市再造自然最早的理念和实践之一。秦汉时“一池三山”指的是太液池和蓬莱、方丈、瀛洲三山，就已把自然原理应用于古代中国园林中。东晋时把“模山范水”体现在园林中。中国古代哲学孕育了“天人合一”概念，“虽由人作，宛自天开”，充分体现了人与自然的和谐统一。

世界上第一个具有现代意义的城市公园是19世纪70年代建成的美国纽约中央公园，位于摩天大楼林立的曼哈顿中心，占地约341hm^2，体现了城市再造自然的精髓。现代城市在经历了工业化时代的教训后格外重视在城市里再造自然，深刻认识到这是实现城市韧性的主要途径。2017年10月，第三届上海国际自然保护周“名人讲坛”圆桌会议在上海召开，来自加拿大、英国、美国、中国等国的20余位专家、学者和社会各界代表，围绕“城市中再造自然”主题进行了交流讨论。国际野生生物保护学会高级保护生态学家埃里克·桑德森（Eric Sanderson）认为世界上仍有很多城市是和自然相背离的，需要重新思考和自然的关系。著者强调了保护生物多样性的重要性，20年前上海的常用植物只有500多种，到现在已经增加到800种左右（http：//www.chinairn.com/hyzx/20171024/095244401.shtml）。生态文明已经上升到国家战略，必须抓住这一历史机遇，为城市营建更多的“自然”。那么，在城市有限空间条件下，如何重塑生境、拓展绿化空间，以及使植物能在人为干预条件下获得长期可持续健康生长？在城市更新的形势下，如何结合市政设施改造为植物拓展生存生长空间，提升城市韧性？这成为新形势下城市再造自然必须思考和解决的问题。

1.4.2 对人健康的重要性

植物景观与人的健康息息相关。在人类最早记录的宗教文化文献里描述古波斯时代的伊甸园是围合的公园或果园，成为天堂般的人间乐园（Hobhouse，2004）。巴比伦的空中花园作为古代的一大奇迹，种植了多种花卉，是现实世界伊甸园的典范。中世纪的欧洲修道院里种植花园和果园，认为医院里种植草坪和花园有利于病人康复（Montford，2006）。到工业革命时期为了解决城市污染对人健康危害，开展了城市公园运动，以维护劳动者的生理和心理健康。现代社会鼓励人们接触自然，减少因体能活动不足而带来的肥胖和精神疾病的发生。

绿地可使人的心理趋于舒缓、平静，促进人的生理和心理健康。绿色植物具有显著的景观多样性，包括多样性的花、果、叶、枝干、树形等，千姿百态，通过搭配形成多样化的群落景观，给人带来独特的视觉享受和心理感受，有利于缓解视觉疲劳。绿色植物还增加了被誉为“空气维生素”的空气负氧离子浓度（秦俊 等，2008），对人体起到镇静、止咳、催眠等作用。如松柏类植物可通过分泌杀菌素、滞尘等方式，改善空气质量（陈自新 等，1998）。

“园艺疗法”（Horticultural Therapy）就是利用园林园艺植物，人置身其中，实现视觉（观赏）、触觉（接触）、味觉（闻香）上的满足，或者通过园艺劳动获得体验感的满足，以调节自身压力、增加免疫力等，实现康复的一种治疗方法。在现代城市高度紧张的工作生活状况下，园艺疗法显得越来越重要，反映了人们对城市再造自然的普遍迫切需求。Ulrich（1984）曾在美国宾夕法尼亚一家医院进行了近 10 年的实验，发现面向树木的病人用药少、并发症少、康复时间快。Jiang 等人（2014）发现不论性别、年龄和初始压力，减压恢复效果均与树木多少具有一定的正相关关系。而且，绿色植物及其空间可显著提高儿童的注意力，治疗多动症（Taylor，et al.，2011）。White 和 Gatersleben（2011）研究发现人们更加偏爱植物覆盖（绿色屋顶和绿墙）的建筑而不是没有植物的建筑。

很多特殊生境绿化可提供独特的交往和共享空间，有利于人们的精神放松和精力恢复，提高社会价值，比如上海五角场商业街区立体绿墙（图 1-2）。

图 1-2　上海市五角场商业街区立体绿墙

在高层林立的城市社区，很多居民远离地面绿地，这时建造在高层的屋顶花园就可以为居民提供一块紧邻家门口的“绿洲”，为邻居们提供社区交往、休闲健身等场所。新加坡 90% 的居民居住在高层住宅里，对高层屋顶花园的需求更旺

（Yuen & Hien，2005）。研究发现，在屋顶花园的多个社会效益选项中，带孩子外出玩耍的最多（29.3%），其次为健身（20.7%），其他还有会友（13.8%）、静心（12.1%）。赞成建设屋顶花园的诸多理由中，休闲放松和美化环境获得最大认同。

1.4.3 降低暴雨径流

中国正在推行的“海绵城市”把特殊生境绿化作为一项重要举措。2014 年国家住房和城乡建设部制定的《海绵城市建设技术指南（试行）》提出了低影响开发雨水系统构建的原则。城市特殊生境区域原本是破坏了地表结构的不透水下垫面，阻隔了原有的自然水文循环路径。利用特殊生境绿化技术可改变这些不透水下垫面不透水表面的水文特征，产生一定的渗、滞、蓄、净水功能。

近年来，各地发生的城市内涝问题越发频繁，暴雨对城市的威胁和危害越发严重，城市正面临着生态安全的严峻形势。大量研究证实了特殊生境绿化依靠植物和介质吸收、截流和蓄存雨水，对促进雨水下渗、减少地表径流、缓解城市内涝具有积极作用。比如，英国把屋顶花园作为可持续的城市排水系统的一部分（White & Alarcon，2009），以一种更为可持续的方式进行地表水排放管理。如果曼彻斯特市每年增加 10% 的集约式屋顶花园面积，截蓄雨水量将每年增加 2.3%（Speak，et al.，2013）。为此，城市里大量的建筑物如果实行绿化，将在一定程度上减缓城市洪涝灾害的发生频率和危害程度。

为了改善地表径流水状况，越来越多的城市实施透水性铺装，如透水路面、广场等。透水路面对径流量的平均消减效率达 50% ~ 93%（刘文 等，2015）。不同材料的渗透性差异明显，其中渗透性最好的如碎石、居中的如透水混凝土砖、最差的如粗砂，在模拟 200mm/h 特大暴雨情景下其渗透水量分别为 3.66L、2.82L 和 1.82L（姚莎莎 等，2018）。虽然透水性铺装对减少地表径流具有显著的作用，但对于渗入地下收集的雨水量影响不大（Schl ü ter & Jefferies，2002；朱春阳 等，2009），主要原因是：①由于基层和垫层厚度小，可承载水分的空间较小；②渗水井容量小，与地下的接触面很小，使得下渗的速度和总量较低；③当基层发生排水不畅，或者由于路面受到不均匀重力的作用而导致找平层发生凹凸不平时，会产生积水危害。

美国在 20 世纪 60 年代末和 70 年代初通过调查和经验总结，认识到了路面内部排水的重要性（张鹏飞，1998）。研究表明，水泥稳定碎石兼具抗压性和排水性，适合作排水基质。空隙度 20% 时抗压强度为 9.07MPa，高于普通厚度的三渣强度，此时渗透系数 1.2 ~ 2.6cm/s（王波 等，2004）。如果选择粒径 5 ~ 25mm 的碎石作级配碎石层，当空隙度为 20% 时（朱春阳 等，2009；王波 等，2004），其容重为 2.272g/cm^3，每公顷这种 1.5m 厚的碎石空间可蓄存水分达 6810m^3。与目前常见的 25cm 碎石层（基层和垫层）相比，其功效高 5 倍。而且，该模式利用厚的碎石层替代夯实土基，直接与地下相联系，从而实现水系统的循环，对降低暴雨径流具有显著的意义。不仅人行道，各类城市广场和停车场都可以实行厚碎石层模式。该技术已相对成熟，著者在位于美国芝加哥郊外的莫顿树木园入口停车场，看到此技术已用于雨水收集和临时蓄积（图 1-3），此应用可借鉴，在城市中规模化推广。

图 1-3　美国莫顿树木园停车场铺装及雨水收集系统

1.4.4　生态服务价值

大量的研究表明，城市绿地的生态价值是毋庸置疑的。绿色植物是城市生态系统唯一的生产者，具有降温、滞尘等生态功能，是缓冲生态失衡的主要驱动力。

（1）降温节能。植物利用其枝叶覆盖在建筑表面可有效吸收太阳辐射，外加蒸腾和遮阴作用，可以使得夏季降低室温，节约空调用电（王红兵 等，2008）。Alexandri 和 Jones（2008）在伦敦、雅典、莫斯科、蒙特利尔、巴西利亚、利雅得、孟买、香港和北京 9 座城市的实验表明，屋顶花园可平均降温 9.1℃，最大 12.8℃。清华大学和美国普林斯顿大学的实验证明屋顶花园能分别降低屋面温度 3.2℃和 4.2℃（Sun，et al.，2013）。加拿大国家研究中心实验表明，屋顶花园可节约 70% 的空调能耗（http://cppcc.people.com.cn/n/2012/0816/c34948-18756894.html）。王丽勉等人（2006）在上海莘庄建筑科学院的实验表明，组合式屋顶花园最高可降低屋顶表面温度 7 ~ 9℃。姜慧乐等人在研究建筑西墙攀附着平均厚度约 24cm 地锦的夏季降温效应时发现，绿化房间平均温度比无绿化房间的在白天和黑夜分别降低了 1.3℃和 1.7℃。行道树因为其树冠的物理覆盖作用和枝叶的生理作用，华北树木遮光率为 61.0% ~ 96.9%（晏海 等，2012），上海夏季高温天气林荫道内外日平均温差可达 2.8℃，湿度差可达 5.7%（陈明玲，2013），起到明显的温湿度和风速调节作用。

（2）净化空气。植物凭借其叶片表面结构或分泌物，起到滞尘作用，树冠结构、枝叶密度、叶子倾角也影响滞尘功效。不同生活型植物的滞尘能力大小顺序为草本植物 > 灌木植物 > 乔木植物 > 藤本植物（苏俊霞 等，2006），具有乔 - 灌 - 草立体结构的绿地类型滞尘效果最佳（刘学全 等，2004）。不同树种净化大气的能力也不同，其中吸收 SO_2 大于 1.5g/m^2 的植物有海棠、构树、丁香、白蜡等，而泡桐、元宝枫、桃则小于 0.5g/m^2（陈自新 等，1998）。

（3）涵养水源。林地通过植物冠层截留、枯枝落叶层截持水、林下土壤渗储水起到水源涵养的作用。日本学者研究发现自然林地的耐侵蚀性是裸地的 4 ~ 20 倍（丸山岩三和方华荣，1994）。2008 年太湖流域绿地系统截留降水量 4.79×10^8m^3（杨丽 等，2011）。大量研究证实了城市特殊生境绿化在截蓄雨水方面的能力。比如，如果曼彻斯特市每年增加 10% 的集约式屋顶花园面积，那么截蓄雨水量将每年增加 2.3%（Speak，et al.，2013）。

（4）净化水质。魏艳萍等人（2011）研究发现，化学需氧量（COD）、悬浮物（SS）、总氮（TN）和总磷（TP）4 种污染物在集约式屋顶花园径流中浓度分别为普通屋顶径流的 22.6%、16.9%、63.0% 和 31.2%。可见屋顶花园在降解污染物方面的显著功效。王红兵等建立了屋顶花园致径流水污染物循环概念模型（Wang，et al.，2017），为评判一个屋顶花园系统到底是径流污染物的“源”或者“汇”提供了支撑。

（5）环境监测。有的植物对大气、土壤和水体环境的变化非常敏感，可作为环境污染的指示植物，起到监测作用。如苔藓、地衣对大气中 SO_2 含量的敏感度要比人高得多，当 SO_2 年平均浓度在 0.015 ~ 0.105mg/L 时，地衣绝迹；万寿菊、天竺葵等显花植物也对 SO_2 非常敏感，当空气中 SO_2 为 1ppm 时，经 1h 就会发生急性症状；当土壤中 Cu 过量时，蔷薇花色由玫瑰色转为天蓝色（郝卓莉 等，2003）。

1.4.5 观赏、文化和经济价值

面对城市里遍布的混凝土建筑、道路等灰色空间，如果没有一点绿色植物，难以想象会是怎样的情景。与自然亲密接触是人的天性，钢筋混凝土构成的硬质景观，给人压抑感。植物多样性大大增加了城市绿化的观赏性，比如：①花的多样性，红色、粉色、橙色等暖色调花卉给人愉悦感，蓝色、绿色等冷色调花卉给人安静感；芳香植物（如栀子花、茉莉、桂花）可直接刺激影响人的中枢神经，起到“芳香疗法”的功效。②果实多样性，红果（如枸骨、金银木）、蓝果（如吉祥草、八角金盘）、黄果（如无患子、苦楝）等很多具有强的观赏性；有的果实形态怪异，如手形的佛手、骷髅形的骷髅花。③叶片多样性，既有常色叶异常的叶色美（如红枫、红花檵木、金叶槐），又有秋色叶的变色美（如银杏、枫香、无患子），还有形态多样化的美，如鹅掌楸的马褂状叶、旅人蕉的巨型扇形叶等。④枝干多样性，如白桦、白皮松的白色干皮，金枝槐和金竹的金黄色枝（杆），垂枝形的垂柳、垂枝榆和龙游形的

龙游梅、龙爪柳等。⑤株形多样性，如圆柱状的塔柏、尖塔状的雪松、钟状的欧洲山毛榉、风致形的黄山松、盘状的合欢、伞形的龙爪槐等。可见，可利用植物的多样性进一步搭配，从色彩、群落层次和类型等构建多样化的群落景观，注重植物与建筑要素的合理搭配，遵循统一与变化、协调与对比、韵律与节奏、均衡与对称四大原则，增强绿化观赏性，提高绿视率，满足人的游赏需求。

城市园林是对历史文化的延续与沉淀，其中意境美是中国城市绿化非常注重的地方，在城市再造自然属于第二层次的自然美（注：第一层次指植物的色彩美、香味美和姿态美）。很多现代城市确立的市花市树反映了一种植物对一座城市的社会文化价值。如白玉兰被选为上海的市花，寓意开路先锋、奋发向上；木棉树为广州市树，象征奋发向上，被人誉之为英雄树、英雄花；黄葛树代表了重庆人坚忍不拔的精神。

特殊生境绿化的植物具有多样化的经济价值，获得的花、果实、干皮等产品，用于食品和药材等。比如，金银花的花可以采集制作花茶，栀子花的果可作茶饮，薄荷的叶可作药用；比如行道树，可提供食用的香椿（嫩芽）、杜仲（干皮）、刺槐（花）、银杏（果）等。特殊生境绿化在提高绿视率、提供纳阴乘凉和健身休闲空间、促进人们交往、降低噪声等方面的社会价值，可以进行健康经济价值及其货币化评估。而且，特殊生境绿化提供农产品在实体经济上的价值是毋庸置疑的。比如，把都市农业模式引入屋顶花园或建筑立面绿化，形成多样性的现代农业，为附近居民提供新鲜、健康的蔬菜、瓜果等。

1.4.6　城市可持续发展的必然选择

1992 年在巴西里约热内卢召开的联合国环境与发展会议，首次明确提出了人类社会的发展应该是可持续的发展。自此，可持续发展便成为世界各国共同关注的主题，我国已列入基本国策，深入到社会、经济、环境各个领域。2015 年 193 个国家通过了新的联合国可持续发展目标，明确把可持续城市和社区作为主要目标之一。而城市绿化具有保护环境和资源的显著功能，是实现城市可持续发展的一项重要基础设施。随着世界城市化水平的不断提升，城市可持续发展的压力日益增强，必须进一步增强城市绿化的必要性和重要性，不断提高城市绿化水平，已成为城市可持续发展的必由之路。

“生态城市”是在联合国教科文组织发起的“人与生物圈计划”研究过程中提出的一个重要概念，强调人与自然的和谐关系以及城市社会、经济、自然协调发展的新型关系，旨在建立高效、和谐、健康、可持续发展的人类聚居环境。我国提出了创建“生态城市”的活动，八大标准中五个都是关注生态环境的：①广泛应用生态学原理规划建设城市；②保护并高效利用一切自然资源与能源；③人工环境与自然环境有机结合，环境质量高；④居民的身心健康，有自觉的生态意识和环境道德观念；⑤建立完善的、动态的生态调控管理与决策系统。可见，城市绿化在现代城市建设中的重要性。

1.5 城市自然再造的可行性

1.5.1 社会需求是动力

热爱自然是人的天性，当市民入住繁华的闹市，总是渴望接近自然。那么，城市绿化作为城市里的第二自然，便成为市民接触自然的好去处。19 世纪，英国通过《市政公司法》和《公共健康法》等，修建公园，力图改善环境质量。公园绿地开始为公众服务，成为维护公民健康的重要载体。一些城市的成功经验推动着城市绿化的进步，其中一个典范是奥姆斯特德设计并建成的纽约中央公园，坐落于高楼林立的曼哈顿街区，为繁忙的闹市创造了一处自然景观，成为市民康复休闲的公共绿地，已成为现代公园的典范，对后来城市公园的兴起具有非常深远的影响。又如，新加坡已经建成为一个花园般的城市国家，成为很多城市建设的典范。

公众的需求是城市特殊生境绿化进步的强大动力，如新加坡众多高层居民希望能在楼顶享受到更多的“天空花园”（sky garden），成为屋顶花园的主要社会驱动力。中国花园式小区卖点进一步刺激地产商增加屋顶花园、立体绿化。近年来很多城市的政府不断出台激励政策、制定具体措施，推动屋顶绿化等特殊空间绿化的发展，以满足广大市民的需求和城市发展的要求。比如，为了推动屋顶绿化，2000 年 4 月东京政府颁布法令，要求建筑面积在 1000m^2 及以上的新建建筑的屋顶需要进行绿化。成都市政府规定建筑层数低于 12 层、高度低于 40m 的高层和多层非坡屋顶建筑的屋顶绿化面积不得小于屋面面积的 50%，屋顶绿化 1m^2 可抵减地面绿化 1m^2 等，这些措施有力地推动了屋顶绿化的发展。

上海作为中国最大的国际大都市，一直在起引领作用。根据《上海市城市总体规划（2017—2035 年）》，上海要建成创新之城、人文之城、生态之城和卓越的全球城市，成为全球最令人向往的健康、安全、韧性城市之一；要积极探索超大城市发展模式的转型途径，扩大生态空间；严守人口规模、建设用地、生态环境、城市安全四条底线；推进海绵城市建设，积极发展绿色建筑。到 2035 年，上海市人均公园绿地面积将达到 13m^2；建设多层次、成网络、功能复合的生态空间体系，增加城市应对灾害的能力和韧性；城市建成区 80% 以上的面积达到海绵城市建设目标要求，空气质量优良率达 80%。鼓励屋顶绿化和立体绿化，促进建设用地功能复合优化，缓解城市热岛效应，提升城市公共空间艺术品质，建设海绵城市，完成这些指标无疑是很艰巨的任务，任重而道远。目前，以北京、上海这样寸土寸金的国际化大都市来说，市中心每增添 $1m^2$ 的绿地就要付出数万元的代价，而且城市的土地资源有限。如何将城市里大量的不透水下垫面转化为软化下垫面，拓展城市绿化空间成为城市化过程中必须认真思考和亟待解决的问题。因此，城市特殊生境的可持续绿化技术显得尤为重要。

～ ～ ～ ～ ～ ～ ～ ～ ～ ～ ～ ～ ～ ～ ～ ～ ～

有人说，现代城市犹如牢笼，人们被囚禁于钢筋混凝土建筑里，远离了自然。整日忙碌于繁杂工作和家庭事务，生活压力巨大，精神压抑感强烈，造成很多人不同程度地存在心理健康问题。为了摆脱城市“樊笼”，除了利用节假日寻找自然放松身心外，还需要日常融入自然。这就是身边自然的重要性。打开窗户，极目望去，绿色尽入眼帘，一下子让人的情绪平抚，心跳舒缓，心情放松，感到格外的温馨。这便是自然的作用。一个偶然的机会我到了上海市闵行区一所单位的办公楼，打开窗户，映入眼帘的是各种屋顶花园景观。低头俯视，可以看到一大片翠绿色垂盆草覆盖了整个楼群，感觉无限生机;抬头远望，犹如看到了绿色的森林，高低错落着多个屋顶花园景观，形成景观群（图 1-4），让人深切感受到周围丰富的绿化景观，享受到了优质的空气质量环境。可见，在建筑林立的城市里，特殊生境绿化让人直接受益。2008 ～ 2010 年调查上海的 70 多个居住小区里几乎都可以看到居民参与的绿化，比如有的在门前和屋顶放置很多盆花，在窗台上放置垂吊的蔷薇、枸杞等。可以说，特殊生境绿化是真正的民心工程。

图 1-4　上海市闵行区某单位周围屋顶花园群

此外，特殊生境绿化还可拓展为商业空间。上海已经建成多个家庭园艺展示平台，利用屋顶花园分割为多个不同风格和空间特色的景观单元（图 1-5），形成多样化的休闲空间，以满足顾客不同趋好需求，受到了顾客的青睐，同时也成为一些家庭休闲的好去处，感受园林空间的美。这种经营模式拉长了特殊生境绿化的产业链条，推动社会投资多元化，吸引更多的企业参与和发展。

图 1-5　上海某公司屋顶花园商业展示区

～ ～ ～ ～ ～ ～ ～ ～ ～ ～ ～ ～ ～ ～ ～ ～ ～

1.5.2　经济实力是基础

城市里寸土寸金，绿地建设成本非常高。特别是在中心城区将已有建设用地上调整为生态绿地，需要花费巨额资金购买土地。21 世纪初上海在城市核心地带建成延中绿地，占地 $28hm^2$，成为上海市中心最大的绿肺。然而，拆迁费用在 20 世纪 90 年代就高达 1 万元 $/m^2$。目前上海正在筹建的世博文化公园也位于中心城区，占地约 $200hm^2$，仅土地成本就超过 1000 亿元。这些大型生态工程都需要强大的经济支撑。

近年来随着生活水平的不断提高，市民的环境意识越来越强，对人居环境有了更高的要求，花园式家园已成为多数人的美好愿望。这是最好的民意基础，非常有利于城市绿化的保护和发展。国家把生态文明上升到国家战略之一，各级政府大力加强生态环境建设，想方设法提高绿化面积和质量。房地产企业努力建造花园式住宅小区，以提高卖点。这些都为加强城市绿化奠定了良好的社会基础。而且随着国民经济的持续快速健康发展，城市具有更多的财力投入到环境绿化这一公益性事业中。

经济基础决定上层建筑。当一个国家和地区人均 GDP 超过 5000 美元的时候，休闲消费就会进入快速增长的时期，人们开始重视环境保护，对生活品质的要求也越来越高。2018 年中国国内生产总值（GDP）超过 90 万亿元，按平均汇率折算，经济总量达到 13.6 万亿美元。按世行对不同收入等级划分的最新标准（2018 年 7

月 1 日）高收入国家的人均 GDP 大于 12056 美元，2018 年中国人均 GDP 接近 1 万美元，表明中国已整体进入中等偏上收入国家，其中上海等地人均 GDP 已达 2 万美元，并且上海用于环境保护的资金投入达到 GDP 的 3.1%。因此，经济的进一步发展，为特殊生境绿化的推广实施提供了有力的保障。

1.5.3　技术成果是保障

现代城市绿化技术不断发展，比如全冠大树移植技术、拼装式立体绿化技术、轻型屋顶绿化技术等，有力地拓展了城市绿化形式和范围，使一些本来不适宜种植植物的地方也得以绿化。比如，根据植物根系对一定浓度的铜离子产生敏感性排斥，德国研发了复合铜离子胎基改性沥青阻根防水卷材，集防水与阻根功能于一体，并加入活性生物阻根剂，可在屋顶花园、建筑立面绿化等种植结构体中发挥强大的阻根性能，从而增加一些乔灌木植物的适用性。

为了减轻特殊生境绿化系统自身的重量和改善有限种植空间的水肥状况，往往采用轻型介质替代自然土壤。人工栽培介质不断推陈出新，主要体现为对农林废弃物的再利用，添加珍珠岩、蛭石等物理材料，以及椰丝等辅助材料，容重小，且有良好的保水保肥和排水性状。特别是逐步减少和替代泥炭这一不可再生资源的使用，体现了可持续发展理念。

抗逆性育种技术的进步也为一些特殊生境绿化提供了技术支持，比如筛选和培育耐阴植物、耐旱植物、耐盐植物、耐寒植物等名优新品种，拓展了城市适生植物资源。如上海地区及长三角地区的屋顶绿化、移动绿化和建筑立面绿化可见金线柏、火焰南天竹、矮生紫薇、“阿拉斯加”枸骨叶冬青等兼具优质观赏性和抗逆性的新品种。

绿化模块系统是植物、容器、栽培介质和灌溉设施的绿化集合体，可用以组合拼接为即时成景的景观。适合的容器和灌溉设施具有增加特殊生境绿化植物多样性、降低栽培介质选用难度、简化支撑结构、减少施工和维护成本等特点。如植物袋成本低，施工周期短，集美观、超薄、即时成景、易施工、易维护于一体，已经成为国内外主流的建筑立面绿化技术；VGP（Versawall Green Pot）悬挂式容器，采用添加有抗老化功能的添加剂、100% 可再生塑料制作，具有可持续性；用废纸、塑料等材料制成的系列标准模块容器，满足不同植物生长的需求；G-Sky（一家从事垂直绿化的公司）种植模块使用较灵活，适用性较强，可用于多种气候区。

1.5.4　植物材料是优势

一方面，每个城市都有自己的适生种，这些本地种具有较强的地域特征，在生物多样性保护中具有不可替代的重要价值，成为城市特殊生境绿化的主要植物资源；另一方面，外来植物因其优良的观赏形状而成为城市特殊生境绿化的又一主要来源。随着国际交往的频繁，更多的外来植物引入城市。由于很多外来植物优异的观赏性状，在城市绿化中占据越来越高的比例，不断挤压本地植物的生存空间。生物多样性研究发现，很多城市的城区植物多样性高于郊区和乡村，在很大程度上归因于外来植物的大量引入。当然，存在外来植物沦为入侵种的风险。比如，凤眼莲、加拿大一枝黄花当初是作为观赏植物引入的，结果成为典型的入侵种。所以，外来植物的引入要求科学慎重。此外，园艺育种技术的进步不断推出新的园艺品种、变种和类型。比如，现代月季品种多达 2 万个以上，牡丹有 1000 多个品种，梅花有 300 多个品种等，极大地丰富了园林绿化材料。特殊生境绿化，对植物在个体大小和抗逆性等方面有着特别的要求。但随着补光、介质、阻根、防水、灌溉等材料技术的进步，适生的植物材料越来越丰富。换言之，丰富的植物种质资源可提高特殊绿化的物种多样性，同时也为各类生物提供了特殊的栖息地。

结语

在城市进化的历史长河中，随着人类科技和生产力的进步，城市规模不断扩大，城市人口日益增加。由此带来的城市环境问题日益突出，特别是广大发展中国家。中国因为发展阶段低、人口密度大、建筑密度高和人的认知差异等使得城市化明显不同于西方发达国家，出现严重的城市生态问题。为此，需要认真思考解决中国城市问题的特殊策略。城市里大量的不透水下垫面严重导致土、水、热、空气、生物等生态因子的功能紊乱和低下。为了追求韧性城市的目标，城市自然再造成为重要的应对途径，在当下中国具有非常的必要性，同时在社会需求、经济实力、植物材料等方面也具有相当的可行性。那么，如何实现城市自然再造便成为关注的焦点，城市特殊生境绿化便应运而生。

～ ～ ～ ～ ～ ～ ～ ～ ～ ～ ～ ～ ～ ～ ～ ～ ～

生长在瓦片上的小精灵

我的老家在中原乡下，小时候就发现在老屋瓦片上生有瓦松，茁壮地生长着，令人好奇：没有土壤的地方怎么可能长出植物呢？后来还看到不时有楝树、臭椿的小苗长出。不仅如此，墙垣上还可以看到仙人掌、杂草、苔藓等植物。竟能生长于如此特殊的生境，倔强的生命让人啧啧赞叹。特殊的植物生长于特殊的生境，特殊的生境造就特殊的植物。瓦松（Orostachys fimbriatus）为景天科多年生植物，须根繁盛，生命力顽强，非常耐旱耐寒，只需几厘米厚度的疏松土就可生长良好。它鳞片表皮多含蜡质，从而阻止水分过快蒸发，而肉质的鳞片可储存水分以忍受长时间的干旱，所以能够忍受干燥日晒的恶劣环境。这种源于乡村的“重建自然”现象对城市大量不透水下垫面的生态修复具有很强的启发。大量的建筑物表面成为城市生态修复的潜在空间。

图 1-6　成都市某坡屋面植物

在温湿度资源丰富的南方，无疑更适合特殊生境的重建。空气中大量的水分为很多植物提供了生存和发育的条件，比如榕属的一些植物就可以利用气生根固着于更多的不透水下垫面。在成都市，常常看到绿色植物“爬”上了屋顶，甚至包括一些乔木树种（图 1-6）。这里很少的土就可成为种子萌发的温床，加之丰富的水汽，为新生命的诞生提供了有利条件。大自然总是给我们新的启示，即使在建筑林立的闹市也可以重建生境，恢复植被。

～ ～ ～ ～ ～ ～ ～ ～ ～ ～ ～ ～ ～ ～ ～ ～ ～

参考文献

[1] Alexandri E, Jones P. Temperature decreases in an urban canyon due to green walls and green roofs in diverse climates[J]. Building & Environment, 2008, 43 (4): 480-493.

[2] Du S, Gu H, Wen J, et al. Detecting Flood Variations in Shanghai over 1949 - 2009 with Mann-Kendall Tests and a Newspaper-Based Database[J]. Water, 2015, 7 (5): 1808-1824.

[3] Duan J, Tan J. Atmospheric heavy metals and arsenic in China: Situation, sources and control policies[J]. Atmospheric Environment, 2013, 74: 93-101.

[4] Hall P, Pfeiffer U. Urban future 21: a global agenda for twenty-first century cities[M]. Routledge, 2013.

[5] Hobhouse P. Gardens of Persia[M]. Hong Kong: Kales Press, 2004.

[6] Holling C S. Resilience and Stability of Ecological Systems[J]. Annual Review of Ecology & Systematics, 1973, 4 (4): 1-23.

[7] Jha A K, Stanton-Geddes Z, Miner T W. Building Urban Resilience: Principles, Tools, and Practice[R]. The World Bank, 2013.

[8] Jiang B, Larsen L, Deal B, et al. A dose - response curve describing the relationship between tree cover density and landscape preference[J]. Landscape & Urban Planning, 2015, 139: 16-25.

[9] Meerow S, Newell J P, Stults M. Defining urban resilience: A review[J]. Landscape & Urban Planning, 2016, 147: 38-49.

[10] Montford A. Health, sickness, medicine and the friars in the thirteenth and fourteenth centuries[J]. Medical History, 2006, 50 (2): 274-275.

[11] Speak A F, Rothwell J J, Lindley S J, et al. Rainwater runoff retention on an aged

intensive green roof[J]. Science of the Total Environment, 2013, 461-462: 28-38.
[12] Sun T, Bou-Zeid E, Wang Z H, et al. Hydrometeorological determinants of green roof performance via a vertically-resolved model for heat and water transport[J]. Building & Environment, 2013, 60 (1): 211-224.
[13] Taylor A, Deb S, Unwin G. Scales for the identification of adults with attention deficit hyperactivity disorder (ADHD): a systematic review[J]. Research in Developmental Disabilities, 2011, 32 (3): 924-938.
[14] Ulrich R S. View through a window may influence recovery from surgery[J]. Science, 1984, 224 (4647): 420-421.
[15] Wang H B, Qin J, Hu Y H. Are green roofs a source or sink of runoff pollutants? [J]. Ecological Engineering, 2017, 107: 65-70.
[16] Wang S X, Hao J M.Air quality management in China: Issues, challenges, and options[J]. Journal of Environmental Sciences, 2012, 24: 2-13.
[17] White E V, Gatersleben B. Greenery on residential buildings: Does it affect preferences and perceptions of beauty?[J]. Journal of Environmental Psychology, 2011, 31 (1): 89-98.
[18] White I, Alarcon A. Planning policy, sustainable drainage and surface water management: a case study of Greater Manchester[J]. Building and Environment, 2009, 35 (4): 516-530.
[19] Schl ü ter W, Jefferies C. Modelling the outflow from a porous pavement[J]. Urban Water, 2002, 4 (3): 245-253.
[20] Yuen B, Hien W N. Resident perceptions and expectations of rooftop gardens in Singapore[J]. Landscape and Urban Planning, 2005, 73: 263-276.
[21] 陈玲 . 日本东京都垃圾管理经验与启示 [J]. 城市管理与科技，2010，12（1）: 74-77.
[22] 陈明玲 . 上海城市典型林荫道生态效益调查分析与管理对策探讨 [D]. 上海：上海交通大学，2013.
[23] 陈自新，苏雪痕，刘少宗，等 . 北京城市园林绿化生态效益的研究（2）[J]. 中国园林，1998（2）: 49-52.
[24] 程江，杨凯，赵军，等 . 上海中心城区河流水系百年变化及影响因素分析 [J]. 地理科学，2007，27（1）: 85-91.
[25] 方良萍，李明敏 . 上海城市化带来的机动车污染及治理对策 [J]. 交通与港航，2008，22（1）: 9-12.
[26] 理查德・福尔曼 . 城市生态学——城市之科学 [M]. 邬建国，等，译 . 北京：高等教育出版社，2017.
[27] 高申 . 中国五城市大气可吸入颗粒物和细颗粒物源解析 [D]. 天津：天津医科大学，2012.
[28] 郝卓莉，黄晓华，张光生，等 . 城市环境污染的植物监测 [J]. 城市环境与城市生态，2003（3）: 1-4.
[29] 胡雪萍，李丹青 . 城镇化进程中生态足迹的动态变化及影响因素分析——以安徽省为例 [J]. 长江流域资源与环境，2016，25（2）: 300-306.

[30] 黄璐，邬建国，严力蛟．城市的远见——可持续城市的定义及其评估指标 [J]. 华中建筑，2015（11）：40-46.
[31] 李成宇．中国城镇化进程中地方公共物品的有效供给研究 [D]. 长春：东北师范大学，2017.
[32] 李艳．全球城市发展背景下上海市城乡公园体系建设思考 [J]. 上海城市规划，2018（3）：25-32.
[33] 刘超，花丛，康志明．2014—2015 年上海地区冬夏季大气污染特征及其污染源分析 [J]. 气象，2017，43（7）：823-830.
[34] 刘文，陈卫平，彭驰．城市雨洪管理低影响开发技术研究与利用进展 [J]. 应用生态学报，2015，26（6）：1901-1912.
[35] 刘学全，唐万鹏，周志翔，等．宜昌市城区不同绿地类型环境效应 [J]. 东北林业大学学报，2004，32（5）：53-54.
[36] 陆锡明，邵丹．北京、上海、杭州机动车对 $PM_{2.5}$ 的贡献度差异 [J]. 城市交通，2017，15（2）：93-95.
[37] 骆江玲．发达国家的城镇化模式 [J]. 农村工作通讯，2012（24）：62-63.
[38] 吉姆·罗杰斯．我眼里的中国 [J]. 人民周刊，2017（20）：88-89.
[39] 刘易斯·芒福德．城市发展史 [M]. 北京：中国建筑工业出版社，2005.
[40] 伊恩·L. 麦克哈格．生命·求索：麦克哈格自传 [M]. 北京：中国建筑工业出版社，2016.
[41] 孟兆祯．人与自然协调科学与艺术交融——风景园林规划与设计学科 [C]// 中国科协 2002 年学术年会第 22 分会场论文集，2002.
[42] 彭保发，石忆邵，王贺封，等．城市热岛效应的影响机理及其作用规律——以上海市为例 [J]. 地理学报，2013，68（11）：1461-1471.
[43] 乔尔·科特金．全球城市史 [M]. 北京：社会科学文献出版社，2014.
[44] 秦俊，王丽勉，高凯，等．植物群落对空气负离子浓度影响的研究 [J]. 华中农业大学学报，2008，27（2）：303-308.
[45] 任婉侠，薛冰，张琳，等．中国特大型城市空气污染指数的时空变化 [J]. 生态学杂志，2013，32（10）：2788-2796.
[46] 桑杨．上海新能源汽车产业发展的技术路线图研究 [D]. 上海：上海工程技术大学，2016.
[47] 苏俊霞，靳绍军，闫金广，等．山西师范大学校园主要绿化植物滞尘能力的研究 [J]. 山西师范大学学报（自然科学版），2006，20（2）：85-88.
[48] 谭春阳，匡文慧，徐天蜀，等．近 20 年上海市不透水地表时空格局分析 [J]. 测绘地理信息，2014，39（3）：71-74.
[49] 丸山岩三，方华荣．森林的水土保持机能（Ⅲ）：保水（水源涵养）机能 [J]. 水土保持应用技术，1994（2）：47-50.
[50] 王波，王焱，高建明．透水性铺装的透水体系 [J]. 建筑技术，2004，35（7）：531-532.
[51] 王丛笑．城市暴雨内涝的影响因素与减缓研究——以上海市为例 [D]. 上海：上海师范大学，2017.
[52] 王红兵，秦俊，胡永红．特殊空间绿化在上海住宅楼节能工程中的关键技术研究 [C]// 中国城市住宅研讨会论文集，2008.

[53] 王丽勉，秦俊，陈必胜，等 . 屋顶花园对建筑微气候的影响 [J]. 中国农学通报，2006，22(2)：236-238.

[54] 王林涛，罗怡丹 . 基于 ESDA 的武汉市不透水面时空变化分析 [J]. 国土与自然资源研究，2017（2）：65-71.

[55] 王如松 . 高效 · 和谐：城市生态调控原则和方法 [M]. 长沙：湖南教育出版社，1988.

[56] 魏艳萍，文仕知，谭一凡，等 . 重型与轻型屋顶绿化对屋面径流的影响 [J]. 河北林业科技，2011（3）：1-2.

[57] 文超，马诺 . 东西方女人体质大不同这些"洋习惯"你该改掉啦 ![J]. 健康之友，2011(10)：52-55.

[58] 徐冰烨，俞洁，沈叶民 . 近 10 年浙江省城市环境空气质量变化趋势及影响因素分析 [J]. 环境污染与防治，2017，39（6）：610-615.

[59] 晏海，王雪，董丽 . 华北树木群落夏季微气候特征及其对人体舒适度的影响 [J]. 北京林业大学学报，2012，34（5）：57-63.

[60] 杨丽韫，李文华，彭奎，等 . 太湖流域城镇绿地系统水生态服务功能研究 [J]. 资源科学，2011，33（2）：217-222.

[61] 姚莎莎，张德顺，刘鸣，等 . 城市绿地常用渗透性铺装材料的性能对比 [J]. 中国城市林业，2018（3）：31-35.

[62] 张伯顺 . 上海新能源汽车发展实现"双突破"[J]. 汽车与配件，2017（14）：16.

[63] 张国强 . 东京交通模式对中国一线城市的启示 [J]. 公路交通科技(应用技术版)，2015(3)：320-324.

[64] 张鹏飞 . 多孔隙基层内部排水系统试验路铺筑与基层渗水性能的初步分析 [C]// 国际道路和机场路面技术大会论文集，1998.

[65] 张跃发 . 近代文明史 [M]. 北京：世界知识出版社，2006.

[66] 朱春阳，李芳，李树华 . 园林道路不同铺装结构对雨水入渗过程的影响 [J]. 中国园林，2009（3）：91-97.

[67] 朱立文 . 夏日晒太阳身心更阳光 [J]. 家庭医学，2017（7）：38-38.

[68] 邹辉，段学军，赵海霞，等 . 长三角地区污染密集型产业空间演变及其对污染排放格局的影响 [J]. 中国科学院大学学报，2016，33（5）：703-710.

02

第2章

城市特殊生境绿化

2.1 城市特殊生境基本内涵

2.1.1 概念

特殊生境（Special Habitat）即物种赖以生存的特殊生态环境的简称，是指在结构与功能上具有明显的特殊性（或异质性），并导致生态单元的数量或品质明显不同的生态环境。在自然生态系统中主要包括基质特殊生境（如荒漠、湿地、滩涂盐碱地等）、地貌特殊生境（如高原、岛屿、峡谷等）以及功能特殊生境（如生态交错带、过渡地带）等，并通过其与周围生境的突然间断性，如地理地形条件的峡谷（悬崖）、山顶（孤山）和特殊土壤条件等发生作用（Gram，et al.，2004）。因此，由于生境因子的不良特性，特殊生境下植物种类的组成、结构和功能以及适应性特征等必然有别于适生的中生生境，而其生长在特殊生境特别是极端环境的植物具有极强的适应性，反映了生物进化的一个重要方面（Larson，2000；陈功锡 等，2009）。悬崖生态学已被用于理解城市的建筑和墙体（Forman，2017）。

在城市生态系统中，是以人群（居民）为核心，包括其他生物（动物、植物、微生物等）和周围自然环境以及人工环境相互作用的系统，其中的“自然环境”是指原先已经存在的或者在原来基础上由于人类活动而改变了的物理、化学因素，如城市的地质、地貌、大气、水文、土壤等；“人工环境”则包括建筑、道路、管线和其他生产、生活设施（宋永昌 等，2000）。而快速城市化进程中，城镇区域的下垫面发生了显著变化，原本疏松肥沃的土壤被硬质的路面、高架桥、退化土壤、污染土壤所覆盖，进而改变了原有的植被类型和景观格局，构成了城市景观中限制植物分布和生长的特殊生境。我们把这些具有不透水表面特征，缺少自然土壤，不适合生物完成自我维持和繁殖，不能直接正常生存的特殊生态环境称为“城市特殊生境”（Urban Special Habitat，USH）。在城市地区，还应充分考虑到重金属的富集、有毒的有机物、微量元素、微气候环境、废弃物种类、建筑物类型与模式、道路类型、微生境的异质性和人类活动等因素（Forman，2014）。城市特殊生境作为可供城市植物生长的环境，日益得到世界各国研究者的重视（Da & Ohsawa，1992；傅徽楠，2004；Acar & Sakici，2008）。以自然生态系统为参照，根据生境相似性原理，将城市生态系统中在结构与功能上具有相似性的特殊生境作为绿化的可利用空间，应当成为城市生态修复的重要途径。

在现代城市里，特殊生境往往占据很大的比例。比如，2013 年武汉市主城区不透水表面占比为 44.6%，2009 年上海中心城区的不透水面积均达到 60% 以上（王林涛和罗怡丹，2017；谭春阳 等，2014）。如果从三维上综合包括建筑物各个外立面、屋顶和室内空间、构筑物外立面和高架桥立面，则城市特殊生境的总表面积占比应该更大。可见，城市特殊生境可利用空间潜力巨大。但由于割裂了生物、水、光、热等生态因子与大地的联系，无法形成土壤生态系统的自循环，产生特殊的小气候，所以对城市生态系统造成非常大的影响。工业化、人口膨胀和城市化过程中产生了大量的城市劣质生境，如何改造利用使之“变废为宝”，成为增加城市绿色空间、改善宜居性的积极因素，成为现代城市亟待解决的问题。

城市生态系统往往受到人为干扰的影响，具有复杂多样的特殊生境类型，以前提出了多种概念，如新绿空间（Neo-green Space）或特殊空间、城市再生空间（杨芳绒，1996）、城市特殊绿化空间（傅徽楠，2004）。近年来，学者们对城市特殊生境的理解有不同的表达，比如立体绿化、城市困难立地绿化、城市灰色空间等。而随着城市的不断扩张，滨海盐碱地、垃圾填埋场、退化土壤、污染废弃地等一些对植物分布和生长具有重要影响的生境类型也出现在城镇区域，有关这类生境中的生态修复成了城市生态系统健康的重要方面。

2.1.2 类型

早在 21 世纪初，一些学者就提出了城市特殊绿化空间的概念，其中傅徽楠（2004）把它定义为城市中除自然地之外可进行绿化的空间，即城市各类建筑和构筑物所形成的空间和表面，植物可以在自然条件或人工措施下生长，并划分为多个类型，如室外空间的建筑墙面、围墙立面、花架、栅栏、立柱等，高架桥、高架立交沿口、建筑物室外中庭、建筑物檐口等，以及室内绿化空间高层建筑的中庭、宾馆大堂和中庭、封闭阳台等。胡永红、达良俊等的研究团队进一步探讨了城市特殊绿化空间，将其明确划分为地上和地下特殊空间，提出了关键技术和对策（王瑞 等，2009；王红兵 等，2008；高凯 等，2011），为更好地利用城市特殊空间、提高城市绿化水平，起到有力的推动作用。

此外，城市灰色空间是从建筑角度提出的概念，灰空间本指建筑与外部环境之间的过渡空间，比如门廊、阳台、檐下等，而城市灰色空间强调建筑相邻的空间绿化。由于受建筑物遮光、挡风的影响，植物的筛选与配置有别于一般的公园绿地。显然，应包含屋顶绿化、垂直绿化、门廊绿化、阳台绿化等。总之，上述不同的概念都反映了绿化空间和植物生境的特殊性，既相通，又有差异。

2.2 城市特殊生境绿化基本内涵

2.2.1 概念

随着城市生态学的发展，特别是对城市生态环境问题的日益关注，以及海绵城市的建设，人们对城市特殊绿化空间有了深层次的认识。更多地强调生态性，注重植物和其他生物的生存环境，从生物栖息地的角度思考和发展城市特殊空间的绿化。因此，提出了城市特殊生境绿化。从某种意义上讲，从特殊空间绿化到特殊生境绿化是一个进步。前者注重空间的物理属性，后者更多地强调包括植物在内的生物的生长生存环境。营造合适的生境、促进和维持生物多样性无疑对城市的可持续发展是必要的。所谓城市特殊生境绿化，简而言之，指在城市非自然生境（栖息地）、人工设施表面等有限的生长空间中所开展的绿化，是有别于自然地面的特殊绿化形式。一般包括屋顶绿化、垂直绿化、室内绿化、街道广场绿化等，这些空间由于不透水的硬质表面缺少生物生存所需的土壤，不能像绿地那样形成完整的生态系统，需要采取一些人工工程措施，如添加一定量的人工栽培介质和水肥等，以维持植物正常生长。

早期城市特殊空间的绿化是在造园景观艺术的基础上发展起来的。在欧洲，早在公元前就出现了“巴比伦空中花园”，在高达 25m 的台上建造大型园林景观，19 世纪藤本植物作为庭院绿化的应用达到了高峰。20 世纪，快速城市化进程中，城市绿化也从庭院艺术走向了城市公共绿化场所，废弃地公园改造、屋顶花园、墙面绿化及阳台绿化等绿化模式在发达国家不断兴起，极大地开拓了城市的特殊绿化空间，营造了优美的城市生态景观。

我国城市化起步较晚，把环境问题放在城市建设的重要位置也只是在 20 世纪的后期，而且主要集中在上海、北京、重庆等高建筑密度的城市，在进行大规模营造城市绿地的同时，城市特殊生境下的绿化空间才得到重视。我国城市化程度最高的上海也只在 20 世纪 90 年代，才慢慢兴起公园棚架绿化、街面围墙、高架路绿化等，筛选适生植物，构建人工植物群落，营造人工绿地景观。快速城市化发展进程中，也产生了大量的城市特殊生境，如城市的高架和立交桥、建筑废弃地、工业园区废弃地等，受到了越来越多研究者的重视（傅徽楠，2004；徐康 等，2003；黄茶英 等，2009）。

因此，从生境的特殊性看，城市特殊生境绿化属于城市园艺学范畴，即研究城市环境条件下的生境重建、植物选择和应用、施工和维护，强调植物与城市特殊环境条件的相耦合，特别是针对异质性的城市有限生长空间，比如屋顶、墙面、广场、室内等非自然环境，需配置相应的植物及其绿化工程技术。

2.2.2 特点

城市特殊生境绿化不同于一般的自然地面绿地空间，由于特殊空间在光、热、水、气、土等方面表现出有别于地面的特殊性，并容易受到建筑物的干扰，与建筑物发生相互影响，所以这些空间的绿化对植物、栽培介质和管理技术都有特别的要求。

城市特殊生境绿化受制于建筑物、构筑物等特殊空间。哪个位置可以绿化？覆土多少？种植什么植物？都要慎重地因“境”制宜。除了空间因素，还会受到政策、资金和社会认识的影响。相对于陆地表面绿化，城市特殊生境绿化具有以下特点：

（1）面积多狭小，破碎化较严重；

（2）适生物种较少，群落结构单一；

（3）种植土多为人工合成，容积有限；

（4）水分和养分来源受限，可持续性较差；

（5）植物个体、介质容重和厚度，以及园林小品都受到建筑荷载的制约；

（6）受政策、经济、安全等多方面因素的制约；

（7）社会宣传和认可也是一个重要的因素。

城市蔓延的结果不是人居的简单外移，而是人居用地、工业用地的集中扩张，造成不透水表面的扩张。在土地资源昂贵而稀缺的城市里，无论城市新的建成区还是老城区，大部分地面被建筑、道路等不透水表面所覆盖，导致暴雨径流量大而频发，绿地资源严重不足，不能有效改善现代城市所面临的生态环境问题，这对建设韧性城市是非常不利的，已成为中国很多城市可持续发展的瓶颈。因此，亟待修复被破坏了的城市生境。比如，向天空索要绿地，在城市大量的建筑物外表面实施更多的绿化，比如天空花园（sky garden）、垂直花园（vertical garden）等；利用道路、广场、停车场，进行树阵绿化，建成林荫化生态场地。改善不透水下垫面的生态性，恢复被人为割裂的城市地上、地下生态系统，重现城市生机。重建生境将带来一系列生态性的改善，包括生物、水、土、热、光、气等生态要素的优化（图 2-1）。

大力发展特殊生境绿化已成为时代的选择。利用已有的不透水表面，包括各类建筑物、构筑物、道路和广场，大力拓展这些空间的绿化，即特殊生境绿化，显得意义特别重要。毋庸置疑的是，城市特殊生境绿化可增加城市绿化面积、增加植物景观丰富性、提高生物多样性、改善城市生态环境，有利于节能减排，成为现代城市生态环境建设的重要内容，也是评价城市可持续性的重要指标。可见，城市特殊生境绿化在中国当下具有特别重要的价值。

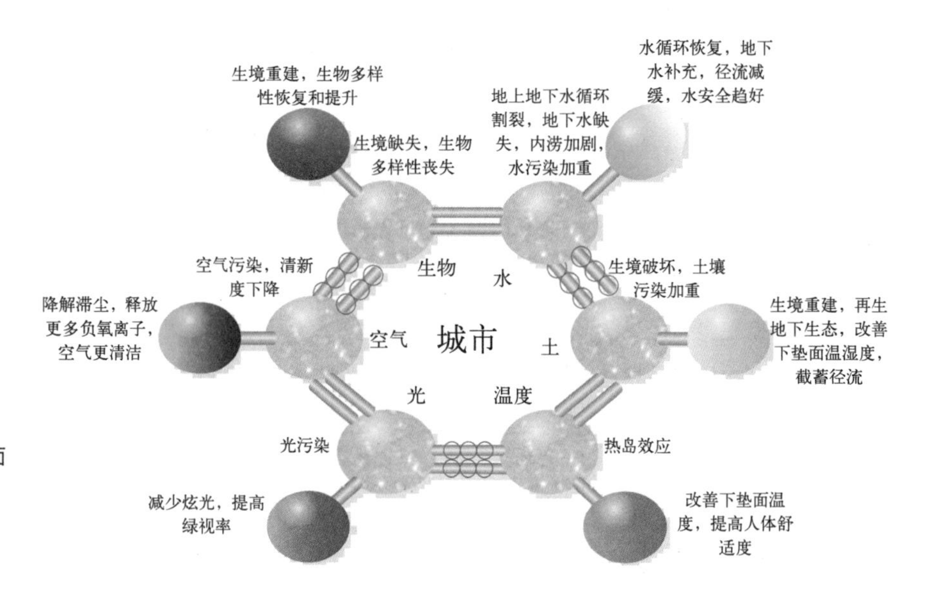

图 2-1　城市不透水下垫面生境重建前后功效比较
（灰色球代表重建前，彩色球代表重建后）

2.2.3　类型

城市特殊生境绿化从植物个体的可移动性看，可分为固定式绿化和移动式绿化。前者指种植植物的载体不可移动，如覆土的屋顶绿化、藤本植物覆盖的垂直绿化等，属于传统绿化方式；后者指植物凭借容器是可以移动或更换的，体现灵活性，如种植盘拼装在屋顶的绿化、种植盒组装式模块化垂直绿化、容器植物布置的广场街道绿化和室内阳台绿化等。如果按空间位置的相对关系，城市特殊生境绿化还可分为室外绿化、灰空间绿化和室内绿化。室外绿化包括屋顶绿化、垂直绿化、行道树绿化等。灰空间绿化指处于室内外过渡区域的绿化，兼具半室内和半室外空间的属性，比如阳台、建筑入口、檐下等空间的绿化。

根据建筑与其构筑物所处位置及建筑物的三维空间特点，城市特殊空间绿化还可分为地上特殊空间绿化和地下特殊空间绿化。地上特殊空间绿化包括屋顶绿化、外立面绿化、行道树绿化及阳台绿化等。地下特殊空间绿化即在地下公共步道、地下综合体、文化娱乐与展示等地下公共空间中引入景观绿化与水体，以缓解地下空间带给人们的压抑感，营造富有生机、生态、美观、健康的地下空间景观环境，包括室内绿化、半地下灰空间绿化等。在日本、法国、美国等国家，结合大城市的地下公共空间，按人性化服务要求和一定的比例来种植绿化，建造了“地下公园”（王瑞 等，2009）。

城市特殊生境不仅占比高，而且类型多样化。各种类型的建筑物、构筑物塑造了多样化的生态空间，如各类建筑的内外立面、屋顶、室内、室内外过渡的灰空间、城市道路和广场等。从可绿化的空间位置看，可分为屋顶绿化、垂直绿化、室内绿化、城市道路和广场绿化等。

（1）屋顶绿化

现代城市高楼林立，建筑屋顶总面积占比高，潜在可绿化面积巨大。据不完全统计，石家庄市建筑占地面积可达城区面积的25%，而且大部分为平屋顶（张想玲和刘浩，2011），为实现屋顶绿化提供了空间。根据建筑物荷载大小可分为不同的屋顶绿化形式，比如粗放式屋顶绿化和集约式屋顶绿化。前者适合荷载小的轻屋顶，土层薄，植物以低矮的灌木、草本为主；后者适合荷载大的重屋顶，土层较厚，植物可配置适量的小乔木、花灌木等。当然，也有少量的坡屋顶绿化，需要采取工程措施防止滑坡。

世界上屋顶绿化推行较好的国家是德国和日本，规模、标准、技术和经验都走在世界前列。特别是德国的《屋顶绿化规划、实施和维护指南》具有很强的纲领性意义，为很多国家所借鉴。中国随着城市化的快速进步，对屋顶绿化的需求日益迫切，北京、上海、成都等很多大中城市都在大力发展屋顶绿化。可以说，屋顶绿化是城市特殊生境绿化中最为典型的类型之一，对提高城市绿化规模、增强城市竞争力具有重要意义。

（2）垂直绿化

顾名思义，所谓垂直绿化是指覆盖在建筑物、构筑物外立面的绿化。应该是特殊生境绿化中占地面积小，而绿化面积大的一种形式。一般建筑物具有多个外立面，而且外立面面积应随着建筑高度的增加而增大。但由于现代建筑往往为了提高采光效率而采用大窗，使得可绿化的空间有所减少。尽管如此，窗间空间和山墙空间提供了合适的垂直绿化空间。除了建筑物，垂直绿化还布置于构筑物和围墙表面，起到遮挡、软化和美化的作用。垂直绿化通过增加城市的立面绿化效果，起到软化生硬的建筑外表面的功能，表现出绿色城市“垂直森林”的景观效果。屋顶绿化往往远高于地面，除了进入体验和邻楼观赏外，路面行人不易观赏，而垂直绿化则非常适合地面行人的观赏，提高绿视率。

垂直绿化形式总体上可分为两种，即传统的藤本植物利用自身的藤蔓覆盖绿化和现代拼装式绿化。前者适合低层与多层建筑物和构筑物，往往采用多年生藤本植物，随着植物的不断生长而逐渐覆盖更大的面积，成本低，管理粗放，但见效慢，多样性较低；后者利用立面框架结构，把植物种植于预制容器内，见效快、更新方便、植物和景观多样性较高，但成本高、维护要求高。由于城市生境的特殊性，植物的选择比较严格，应根据建筑立面的生态因子特征选择合适的植物种类。比如建筑南面选择喜光的植物，而背阴面选择耐阴的植物。

从植物种植的位置看，垂直绿化除了建筑立面绿化外还有阳台绿化和棚架绿化等。阳台作为室内外过渡的灰空间，可以接收部分太阳直射光和大部分的散射光，适合一些喜光、半喜光的植物，可选择的植物种类更加丰富。未封闭的阳台还具有较好的通风条件，有利于植物的光合、蒸腾、水分循环。但土壤和水条件基本同室内环境，需要人工辅助。可供绿化的阳台空间往往较小，对植物的大小、数量要求严格。不过，可以通过设置多层花架进行立体绿化，也可以在窗外或墙面添加花架设施放置花盆。由于窗外光照充足，设置种植箱（槽）、水培容器和无土栽培来种植多种蔬菜和小型果树，可获得农产品和一定的经济效益。也可以在阳台种植藤本植物覆盖外墙，起到植物“空调器”作用。在老龄化社会也有更多的老年人具有时间、精力和意愿进行阳台绿化。

棚架绿化指在城市里利用廊道、停车场和广场等设置棚架、花架，并选择藤本植物攀缘于其表面。适合棚架绿化的植物一般为藤本观赏花卉和藤本经济植物。前者如紫藤、凌霄、常春藤及地锦等，后者如葫芦、葡萄、丝瓜等。如果棚架绿化设置在公园绿地内，往往作为城市绿地的一种，毕竟植物根系往往在自然土壤里，与周围绿地融为一体。但如果棚架和花架占地空间为硬质表面，通过人工结构架空布置植物而实现空中绿化，应属于特殊生境范畴。棚架绿化还往往设置在庭院绿化、街道绿化、广场绿化和停车场绿化中，不仅增加了空间的观赏性，还实现了林荫效果，方便人车免受夏季太阳暴晒。

（3）城市道路和广场绿化

城市道路和广场往往为沥青和混凝土等不透水表面，树池空间非常有限，而且下层多为不透水层或提供透水性非常差，不利于树木的生长。以行道树为例，夏季树木高大的树冠为车辆和行人提供遮阴作用，形成独特的沿路绿色景观，克服硬质道路带来的单调和生硬感。之所以把行道树绿化视为特殊生境绿化，是因为行道树所处立地为硬质、有限的道路空间。无论机动车道还是人行道，往往为压实的路基、水泥石灰碎石垫层、混凝土等结构，割裂了树木与土壤的自然联系，使得树木根系可生长的空间非常有限，有别于自然土壤地表的绿化。

由于立地条件的特殊性，行道树树种选择严格，每个城市都有适合自己的树种。比如上海主要的行道树为香樟、法桐、银杏、复羽叶栾树等，北京的主要行道树为国槐、银杏、白蜡、毛白杨等。无论南方还是北方的城市都要求行道树适生性强、综合抗性优、寿命长、干性好、林荫效果好、污染少等，只不过北方强调耐干旱瘠薄，而南方注重耐湿热。

现代城市随着道路拓宽，两侧绿化带宽度增大，或者中间分车带宽度增大，使绿化树种的多样性提高，往往采用二树种、多树种搭配和乔灌草群落模式，大大提高了道路绿化的生态功能和景观多样性。在城市的一些主要街道或步行街还会采用移动式容器绿化，放置一些容器式乔木；或者采用拼装式垂直绿化（花柱、花雕、花台等）、悬挂式容器绿化等，通过绿化形式的多样化大大丰富了城市绿色景观。

（4）室内绿化

城市里大量的建筑物提供了潜在的可绿化空间，特别是现代人大部分时间待在室内工作和生活，对绿色室内空间需求更为迫切。室内放置绿色植物不仅起到美化作用，增加自然景观，而且可改善室内空气，舒解人们紧张忙碌的情绪，有利于人的身心健康。可见，室内绿化对现代城市具有特殊的作用，也在一定程度上弥补了室外绿化空间的不足。室内绿化的形式多样化，其中盆栽最常见，可孤置、对置或随意放置；利用藤本植物垂吊于家具一侧或悬吊于梁架；室内地面覆土栽植或构筑种植槽、种植池而栽种其中；室内立面采用拼装式绿化等。

室内主要依赖于容器绿化。室内存在光、风、气、土、水等立地条件的特殊性，表现为光照不足，缺少太阳直射光，宜选用耐阴性强的植物，比如吊兰、绿萝等；通风不足，容易滋生病虫害，要求选择抗性强的植物；需要人工灌溉弥补水的不足。植物要求标准高，包括耐阴性强、抗病虫害、观赏价值高、植株个体小、生长较慢、观赏期持久、常绿为主、对人安全等，特别是卧室不宜放置夜间呼吸与人争氧的花卉植物。

2.3　城市特殊生境绿化发展现状

（1）屋顶绿化

近年来，屋顶绿化在世界各地得到了快速发展。其中，北美发展之势迅猛，2008 年北美的屋顶花园面积增加了 35%，如美国华盛顿水门饭店、美国标准石油公司的屋顶花园和加拿大温哥华凯泽资源大楼。2003 年美国绿色建筑协会制定的《能源与环境设计指南》（Leadingship in Energy and Environmental Design，简称 LEED）是美国乃至国际普遍认可的绿色建筑和建筑可持续性评估中最有影响力的标准，就包含屋顶花园。波特兰市要求所有新建市政设施落实 70% 的屋面绿化。欧洲的许多城市因为拥挤和用地紧张，已经开始大量实践屋顶花园，特别是德国、法国、奥地利等。德国是世界上屋顶花园技术最先进、最成熟的国家之一，每年增加大约 1100 万 m^2 的屋顶花园，柏林 5% ~ 30% 的屋顶实现了绿化（Chan & Chow，2013）。1995 年德国颁布的《屋顶绿化规划、实施和维护指南》（Guidelines for the Planning，Execution and Upkeep of Green-Roof Sites，简称 FLL），至今仍是世界多个国家的重要基础性参考。法国每年增加的绿色屋顶大约 100 万 m^2。瑞士很多城市里 70% 的平屋顶具有屋顶花园（Peck，et al.，1999）。在亚洲，日本、新加坡等正在全力推进屋顶花园。2000 年 4 月，东京政府颁布法令，要求建筑面积在 1000m^2 及以上的新建建筑屋顶需要进行绿化。新加坡政府在 2001 年就要求在公共住宅项目和公共建筑中推行高层屋顶花园，2009 年制定了高层屋顶花园激励计划（SGIS），给予屋顶花园建造成本 50% 的基金补贴。

国内近年来屋顶绿化发展迅猛。北京市已落实屋顶花园面积超过 150 万 m^2，还要求30% 的高层建筑和60% 的低层建筑要实现屋顶花园。上海市先后在静安区、闵行区等地得到了较大规模的实施，截至 2015 年，已建成屋顶花园 189 万 m^2，并且闵行区荣获“世界屋顶花园最佳城市金奖”。成都市屋顶花园面积已经超过 300 万 m^2，要求市区新建建筑在 12 层以下、40m 以下的中高层、多层和低层非坡屋顶建筑必须实施 50% 的屋顶绿化。此外，重庆、深圳、厦门、长沙、杭州等地正在大力推进屋顶花园。目前屋顶花园技术日臻成熟，研究焦点是围绕降低暴雨径流等生态效益指标的精准量化。

（2）垂直绿化

传统的垂直绿化技术主要依赖于藤本植物的攀爬。随着拼装式绿化技术的普及，垂直绿化无论在形式上还是种类上都发生了翻天覆地的变化。可利用的植物种类越来越多，可实现的空间也越来越多样化，在现代城市里绿化面积也越来越大。日本东京曾用临时垂直绿化形式遮挡市区内建筑工地，应用了 13 种常绿植物，历时 3 年，表现很好，因此获得了美国 ID Magazine 杂志 2004 年度评选的最佳环境奖（Best Environment Award）。2005 年日本爱知世博会 Bio Lung 绿墙景观采用装配式垂直绿化方式，应用了 200 多种植物，近 20 万株。加拿大 Elevated Landscape Technologies 公司于 2006 年推出此类垂直绿化新技术，2007 年广泛应用于欧美园艺市场，2008 年上海花展在国内首次使用该技术。

我国的装配式垂直绿化体系还处于起步阶段，其设施和相应的配套技术还在摸索过程。作为改善城市环境的绿化方式之一，装配式垂直绿化在我国将有巨大的发展空间。目前，围绕垂直绿化的研究主要集中在三方面：一是一体化技术集成，包括支撑骨架结构要求使用轻型耐用的新材料，与节水灌溉一体化设计；二是植物新品种培育，扩大垂直绿化植物多样性；三是轻型介质长效性的研发，克服生长后期缺土、缺肥、缺少生长空间的问题。

（3）移动式绿化

移动式绿化由于其灵活机动性强、形式多样化，在现代城市中的应用越来越多。特别在上海、北京等区域中心城市得到了快速发展，起到了较好的引领作用。在广场、街道、出入口、地下空间和室内空间成为主要的绿化形式，弥补了这些硬质空间的不足，还起到美化、分割空间、疏导交通的效果，而且与屋顶绿化、垂直绿化相结合丰富了绿化空间形式。

（4）道路绿化

行道树作为道路绿化的骨架，在城市绿化中具有不可取代的作用。行道树是现代城市必不可少的绿化成分，不仅弥补了大量城市道路街道所占据的硬质表面的不足，增添了城市景观，而且依靠树冠形成的林荫给人车遮阴，增加了行人的舒适感。另外，乔木所需的地面空间小。

随着城市化的发展，行道树的种类和数量都在快速增加中。以上海为例，1949 年全市仅有行道树 1.8 万株，至 2012 年已突破 92 万余株（杨瑞卿和严巍，2012）。香樟为第一大树种，占到 40%，其次是法国梧桐（沈敏岚，2012）。近年来，还增加了金枝槐、杂交马褂木、喜树、珊瑚朴、七叶树、无患子等彩叶树和高大观花树种。目前围绕行道树的研究除了新品种研发外，主要是针对城市特殊立地条件下如何维持树木可持续生长的问题。由于种植穴空间非常有限，始终存在根系生长空间不足的局限，以及积水（南方城市）和缺水（北方城市）的问题。这些问题的存在制约着树木高大树冠的形成，也是树木过早衰落老化的主因。

2.4 城市特殊生境绿化存在问题

虽然近年来国内外很多城市开始重视屋顶绿化、立体绿化等特殊生境绿化，成都、上海等城市也取得了明显的成绩，其中成都市屋顶花园面积已经超过 300 万 m^2，至“十二五”，上海完成了 262 万 m^2 的立体绿化，包括 218 万 m^2 的屋顶绿化和 13251 根高架梁柱绿化。然而，尚有很多可绿空间还未绿化。上海 2008 年全市总建筑屋面约 2 亿 m^2，其中适合屋顶绿化的屋面为 3180 万 m^2（陆红梅，2016），屋顶绿化率仅 7%。另外，北京全市屋顶总面积约 2 亿 m^2，屋顶绿化仅占 0.8%（谭天鹰，2013）。总体上，每个城市特殊空间绿化潜力巨大。

然而，当前在规划、政策执行、资金和技术等方面存在一些问题。如屋顶花园不能严格执行《种植屋面工程技术规程》，防水层、阻根层、过滤层等结构层标准或材料规格随意降低，导致建成后期植物根系穿刺、防水层损坏，直至建筑渗漏；有的直接采用园土，容重大，水土易流失，即使添加了有机质，但肥力消耗快，造成后期生长势衰弱；选用的植物难以适应屋顶特殊生境，不得不更换。此外，多数屋顶花园是在建筑建成后重新规划设计和施工的，造成结构层与屋顶的脱节、建设成本的增加和景观效果的局限，带来管理、经济和环境成本的增加。

装配式垂直绿化往往受制于容器容量，根系生长空间太小，容易出现盘根现象，特别在后期往往出现根冠失衡而加剧生长衰弱，地上植株个体过大不仅破坏景观观感而且容易倾斜脱落，造成安全隐患。移动式绿化不仅会出现盘根现象而制约植物的进一步健康生长，而且随着冠层的不断扩展而出现根冠比失衡，导致树冠顶部枯梢或早衰，制约其可持续生长。

大多数城市的行道树树种单一。目前上海行道树仅有 60 多种，远低于上海适生的乔木树种，其中香樟和悬铃木使用比例超过 50%，其他树种的应用较少。现有的很多行道树长势弱，受困于树池小、土壤压实严重等立地条件。以上海为例，行道树面临地下水位浅、不透水面积大、土壤渗透性差的问题，而且复杂的地下管网也是不利因素。树穴普遍偏小，而且土壤理化性质差，密实板结，砖块、石砾等杂质含量高，重金属含量明显偏高，而养分状况差，导致树木生长势普遍偏弱。并且架空线多，进一步压缩了地上生长空间。

由于上述问题，造成景观效果不理想、恢复期延长、成活率较低、绿化生命周期较短，可谓“来去匆匆”。往往需要不断加强后期投入和频繁管理，甚至被迫拆掉重建或补栽，增加了维护成本和更新成本，不符合可持续发展理念。更为严重的是，劣质工程会产生严重的社会不良影响，加剧人们对工程质量和后果的担忧，打击市民的信心，不利于特殊生境绿化的推广和发展。必须针对问题，研究成套的技术体系，制定完善和系统的技术规范，加强后期管理，实现特殊生境绿化的可持续发展。

结语

现代城市大量的不透水表面产生了大量的城市特殊生境，具有巨大的可绿化可利用潜力。改善不透水下垫面的生态性，重建生境将显著促进生物、水、土、热、光、气等生态要素的优化。所以，城市特殊生境绿化，包括屋顶花园、垂直绿化、城市道路和广场绿化等，成为城市生态修复的主要内容。这是一项依赖工程化手段实现的生境再造和绿化，建设和维护过程必须充分考虑地下和地上的生态特殊性，特别是对植物的影响。

参考文献

[1] Acar C，Sakici C. Assessing landscape perception of urban rocky habitats [J]. Building & Environment，2008，43 (6)：1153-1170.

[2] Baskin B C C. Endemism in rock outcrop plant communities of unglaciated Eastern United States：An evaluation of the roles of the edaphic，genetic and light factors[J]. Journal of Biogeography，1988，15 (5-6)：829-840.

[3] Chan A L S，Chow T T. Energy and economic performance of green roof system under future climatic conditions in Hong Kong[J]. Energy and Buildings，2013，64：182-198.

[4] Da L J，Ohsawa M. Abandoned pine-plantation succession and the influence of pine mass-dieback in the urban landscape of Chiba，central Japan[J]. Japanese Journal of Ecology，1992，42：81-93.

[5] Gram W K, Borer E T, Cottingham K L, et al.. Distribution of plants in a California serpentine grassland: are rocky hummocks spatial refuges for native species? [J]. Plant Ecology, 2004, 172 (2): 159-171.
[6] Larson D W, Matthes U, Kelly P E. Cliff ecology: pattern and process in cliff ecosystems [M].Cambridge: Cambridge University Press, 2005.
[7] Peck S W, Callaghan C, Kuhn M E, et al.. Greenbacks from green roofs: forging a new industry in Canada[M]. Ottawa: Canada Mortgage and Housing Corporation, 1999.
[8] Forman R T T. Urban Ecology: Science of Cities[M]. Cambridge University Press, 2014.
[9] 陈功锡，邓涛，张代贵，等 . 湖南德夯风景区峡谷特殊生境植物区系与生态适应性初探 [J]. 西北植物学报，2009，29（7）：1470-1478.
[10] 傅徽楠 . 城市特殊绿化空间研究的历史、现状与发展趋势 [J]. 中国园林，2004，20（11）：37-39.
[11] 高凯，秦俊，胡永红 . 城市特殊空间绿化技术研究 [M]// 张启翔 . 中国观赏园艺研究进展，北京：中国林业出版社，2011.
[12] 黄茶英，潘维数，罗金飞 . 杭州屋顶绿化的植物种类与形式调查研究 [J]. 浙江外国语学院学报，2009（4）：91-96.
[13] 陆红梅 . 上海立体绿化三十年回顾一访上海市绿化委员会办公室 [J]. 园林，2016（1）：78-83.
[14] 日本特殊绿化共同研究社 . Neo-green space design[M]. 东京：株式会社成文堂新光社，1995.
[15] 沈敏岚 . 申城今年再建 50 条林荫大道 [N/OL]. 新民晚报，2012-1-9.http：//xmwb.xinmin.cn/html/2012-01/09/content_4_5.htm.
[16] 宋永昌 . 城市生态学 [M]. 上海：华东师范大学出版社，2000.
[17] 谭春阳，匡文慧，徐天蜀，等 . 近 20 年上海市不透水地表时空格局分析 [J]. 测绘地理信息，2014，39（3）：71-74.
[18] 谭天鹰 . 北京屋顶绿化十年回顾和展望 [J]. 北京园林，2013（4）：3-5.
[19] 王红兵，秦俊，胡永红 . 特殊空间绿化在上海住宅楼节能工程中的关键技术研究 [C]// 中国城市住宅研讨会论文集，2008.
[20] 王林涛，罗怡丹 . 基于 ESDA 的武汉市不透水面时空变化分析 [J]. 国土与自然资源研究，2017（2）：65-71.
[21] 王瑞，张凯旋，达良俊 . 城市特殊绿化空间环境特征及绿化对策 [C]// 中国林业学术大会论文集，2009.
[22] 王雪莹，辛雅芬，宋坤，等 . 城市高架桥荫光照特性与绿化的合理布局 [J]. 生态学杂志，2006，25（8）：938-943.
[23] 徐康，夏宜平，张玲慧，等 . 杭州城区高架桥绿化现状与植物的选择 [J]. 浙江林业科技，2003，23（4）：47-50.
[24] 杨芳绒 . 城市再生空间的开发利用——开拓城市绿化新空间 [J]. 环境与开发，1996（3）：44-46.

[25] 杨瑞卿，严巍 . 上海市行道树建设管理现状与展望 [J]. 江苏林业科技，2013，40（3）：34-37.

[26] 张想玲，刘浩 . 石家庄试水屋顶绿化更多“空中荒野”等待开垦 [N/OL]. 燕赵都市报，2011-8-22.http：//bd.leju.com/news/2011-08-22/113812205.shtml.

03

第3章

城市特殊生境对植物生长的影响

3.1 不同类型城市特殊生境绿化的特点

城市特殊生境之所以“特殊”，表现在立地条件不同于地面自然土壤，往往为城市中脱离地面或被硬质下垫面隔离的孤岛。本书所指的特殊生境主要是由于硬质下垫面而导致的植物根系缺乏生长空间。下垫面的性质直接影响着气温、辐射、湿度、风等气象要素量值的时空分布，表现为特别的热力学特性和动力学特性，形成特殊的小气候。硬质下垫面的不透水层使植物生长所需的水分和养分缺少大地的调节作用，水分和肥力因素远比地面土壤环境恶劣。在进行绿化时必须充分考虑这些因素，趋利避害，采取合理措施确保绿化安全和植物健康生长。不同类型的特殊生境绿化都是在有限空间中进行，地上部分更新的大部分植物组织被移除，使营养无法实现循环和自我补充。不同类型的特殊生境绿化不同之处有以下几点。

（1）移动式绿化。其根系被限制在有限的容器中，而容器因为放置在硬质地面上其物理环境变化幅度大，冷热不均、干湿不匀。特别是金属、塑料材料的容器受热变化大，更不利于植物的健康生长。因此，移动式绿化重点考虑在有限空间的持续生长，以及如何减轻容器内环境的变化幅度。

（2）模块式垂直绿化。一般容器比移动式绿化更小，生长空间更有限（因为建筑和结构承载力的局限），植物更替不方便，所以技术要求更高。因此，重点选择小型植物，尤其是根系小、年生长量小的植物，才能维持更长时间。

（3）屋顶绿化。由于屋顶多为混凝土或沥青结构，热容小，易吸热也易散热。受荷载限制，介质厚度有限，一般为 50cm 以下，且多数屋顶没有遮光挡风设施，有限的介质不利于环境应对微环境的大幅度变化。因此，除了选择耐寒性、耐热性、抗旱性等抗逆性强的植物外，如何保持其环境相对稳定性是应该考虑的问题。

（4）道路绿化。特殊性主要表现在行道树根系生长空间受限，而且容易受到硬质地表的反射热影响，以及街道风的影响。所以，重点是设法拓展其根系的生长空间，保持环境相对稳定。

为解决城市特殊生境绿化的可持续性，建议采取以下主要策略。

（1）尽可能地拓展根系的生长空间。一方面，根据容器大小筛选根系适中的植物；另一方面，为所必需配置的植物拓展根系生长空间。通过横向贯通和改善周围种植土质地等措施，为植物尽可能提供更大的根系生长空间，实现和维持根系生长的可持续性。

（2）尽可能减缓介质环境的剧烈变化，为植物生长提供相对稳定的介质环境。通过改变介质组成、添加有益微生物、提高介质保水排水能力等，改善微环境，降低介质温湿度的变化幅度，增强应对环境变化的能力。

（3）筛选耐旱植物，适应干旱生境。一方面，选择节水灌溉设施和方式；另一方面，筛选抗旱性强、耐瘠薄、生长缓慢的植物，有利于实现可持续绿化的目标。

（4）利用人工辅助设施，保证养管到位。具有满足管理人员和游客出入的通道，保证日常维护的物资供应和设施的到位；灌溉设施配套完善，提倡智能灌溉。

3.2 地下生境对植物生长的影响

3.2.1 生长空间

植物生长需要充分和适宜的地下空间，以满足根系生长，正常呼吸、吸收和输送水分养分。然而，特殊生境往往是人工辅助改造的结果，在地下空间大小、介质类型选择等方面具有很大的局限性。根系空间有限是特殊生境绿化的特殊性之一。

屋顶花园受制于屋顶立地条件，必须考虑屋顶荷载和预算成本条件，往往选择较薄的轻型介质，厚度一般以 50cm 以下为多，很少达到 100cm 以上的。植物根系空间被严格控制在非常薄的介质层，这在很大程度上限制了植物种的选择。植物生长所需的水分和养分往往受限于介质空间，由于缺少大地的调节作用而缺乏可持续性，必须依靠人为外力不断补充。随着植株长大，根系不断扩大，势必会因为生长空间的掣肘而无法继续正常生长，从而影响植物的后期生长。

行道树往往受困于树穴的狭小，一般树穴的直径在 1.5 ~ 2.5m，无论占地面积还是深度都是很有限的，并且树穴四邻多为压实的道路结构，不能满足大多数高大的行道树正常生长所需。狭小的地下空间严格限制了行道树根系的自由生长，进而影响行道树上部的生长量，制约整株树的持续健康生长。

移动式绿化容易受限于固定的容器体积，造成盘根现象，影响后期生长。但往往种植的植物个体较小，包括草本、灌木、藤本和小乔木等。当然，随着植株的不断生长，因容器空间的局限会发生阻碍植物进一步生长的情况，需要合理修剪根冠，并不断补充营养和水分。拼装式垂直绿化同样受限于狭小的容器，限制根系空间，适合的植物种类非常有限，主要是植株个体低矮（株高一般低于 30cm）的草本植物和小型灌木。

3.2.2 介质质量

介质质地是反映介质质量的一个重要指标，根据砂粒、粉粒和黏粒的含量

图 3-1　土壤质地三角图

注：根据土壤砂粒、粉粒、黏粒三类颗粒物的百分比可利用三角图查询判定质地类型。例：一土样三类颗粒物的百分比分别为砂粒 30%、粉粒 45%、黏粒 25%，那么首先在砂粒百分比轴找到对应百分比值的位点，并沿箭头方向划线，同理分别在粉粒百分比轴和黏粒百分比轴找到相应位点，并沿各自箭头方向划线，三条线的交点（A）所在区域的质地类型就是该土样的质地类型（壤土）。来源：Plaster，1997

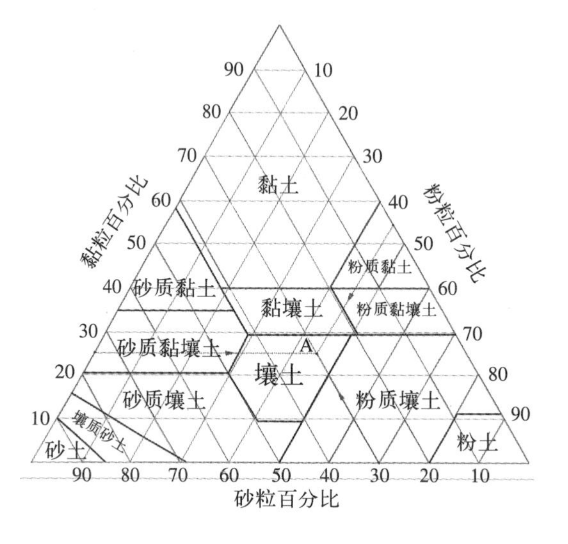

可分类 12 个质地类型（图 3-1），其中以壤土的综合表现最优，成为土壤改良和人工介质配方的主要参照。特殊生境绿化的一个特殊性体现在人工介质。为了改善植物根系环境，特殊生境绿化所用栽培介质往往为人工配制或更换含有人工添加物的栽培土。虽然不同的立地条件对介质有不同的要求，介质成分没有唯一和固定的配比，但一些基本特性是共同的，以满足特殊生境绿化，为植物生长提供支持和养分之需（Latshaw，et al.，2009），如要有良好的保肥性和通气性、排水性（Ampim，et al.，2010）。

屋顶花园因为建筑荷载的严格限制，一般为人工配制的轻型介质，以无机物为主成分，以免有机物分解造成介质补充而增加成本。且介质往往要求严苛，既要求透水透气性好、容重小，又要求保水保肥能力强。常见的屋顶花园介质配方材料包含珍珠岩、火山岩、膨胀黏土、碎砖块、泥炭和各种堆肥等（Ampim，et al.，2010；Nagase & Dunnett，2011）。但这些材料的使用，特别是废弃物的再利用，应该经过试验验证合理的配比和安全的方式，以实现可持续的利用模式（Monteiro，et al.，2017）。而且，介质会随着时间发生理化性质的变化。De-Ville（2017）在英国谢菲尔德的实验表明，包含碎砖块的介质经过 5 年与初始介质之间存在容重、粒径、孔隙度、扭曲性等物理结构上的显著差异，而包含轻型膨胀黏土的对照将随着时间而增加细颗粒物和孔隙度，使最大持水量提高 7%，提高截蓄雨水的能力。

垂直绿化除了传统的地面种植藤本植物外，拼装式垂直绿化选用的介质与屋顶绿化有一定的相似性要求，包括轻型、透水透气性好、保水保肥力强，能够满足立体构架和墙体的承载力要求。但拼装式垂直绿化只能依赖容积非常有限的种植模块，每个模块的介质量非常少，整体对介质的保水保肥能力要求更高。

行道树种植往往遭遇理化性质差的土壤。城市很多建设用地的土壤遭到破坏，表层熟土丢失，混杂很多建筑垃圾、生活垃圾，往往需要客土。由于城市人流大、机动车多，土壤压实成为非常普遍的问题，是一个非常不利的因素。压实改变土壤结构，大孔隙明显减少，容重增加，导致根系难以穿刺而被限制扩展，供氧不足、排水不良成为常态。在沿海城市，由于地下水位浅、土质黏重，土壤压实危害更为突出。

以上海为例，土壤的典型特征为土壤黏重，容重 1.5g/cm^3（图 3-1），排水性、透气性差，土壤三相比失衡，根系生长困难；夏季高温时多积水，进一步加剧土壤气相比低下；在高温 / 潮湿寒冷 / 干燥条件下植物适应性减弱。土壤剖面 20cm 以下土层常出现较多的铁锰斑，与土壤排水不畅有很大关系。大量的建筑垃圾往往埋于不同的土层中，造成土壤质量低下，容易发生树木早衰，直至根系枯死（图 3-2）。所以，介质质量是特殊生境绿化成功的主要因素之一，综合水、肥、温度等要素，必须认真解决栽培介质、根系空间等问题。

图 3-2　土壤质地差的后果表现示例（左图主枝逐年萎缩、侧枝萌发力很弱；中图根系腐烂枯死；右图须根几乎不萌发）

3.2.3　地下温度

城市生境重建过程中由于建筑荷载、成本等因素的制约，介质厚度往往较小，如屋顶花园栽培介质厚度一般小于 50cm，有的甚至小于 10cm，而且介质孔隙度较大；拼装式垂直绿化因其狭小的容器个体所容纳介质也很少。因此，这种人造生境表现出特殊的温湿度特征，自身缓冲性差，介质温度变化剧烈，容易受到外界环境的干扰。白天太阳辐射容易穿透介质，使下层介质受到辐射热的干扰。晚上又容易散热，从而表现出较大的昼夜温度变化。冬季由于介质的保温性下降会威胁很多植物的根系存活，甚至发生低温伤害。炎热夏季或寒冷冬季对很多地下微生物也是不利的，从而影响根际生境的活性，不利于养分的转化和吸收。这种情形不利于维持植物根系生长环境温度的稳定性，对植物抗性（耐高温、耐低温）提出了更高的要求。

城市道路绿化利用种植池实现了地上地下的联系，不论介质厚度还是保水性，一般都优于其他特殊生境绿化。随着深度的增加，土壤温度受太阳辐射热的影响变小，日变化和年变化都相对较小（范爱武 等，2003）。

3.2.4　含水量

由于薄的介质层和良好的透水性，介质含水量稳定性往往较差，容易受外环境影响。主要表现为容易散失水分，特别是在介质受辐射热剧烈影响条件下会加剧水分散失。城市特殊生境绿化普遍的缺陷是介质含水量不足和自然供水的缺失，往往依赖于人工灌溉不断补充生长用水。广州市越秀区的屋顶绿化比较实验表明，无论集约式屋顶花园还是粗放式屋顶花园，紧贴屋面处相对湿度虽然高于 1.5m 高处和低层植物顶端，但相差仅在 5% 之内（冼丽铧 等，2013）。另外，在雨季，由于介质对雨水的滞留作用，造成短时间的积水，容易引发一些植物不耐湿涝而死亡；而旱季，植物又容易出现脱水甚至死亡。因此，对选用植物非常严苛。

城市道路绿化的行道树树穴空间狭小，周边又被不透水的夯实土包围，加之自身透水性较差，土壤含水量容易受到外环境的干扰，即雨季容易发生积水问题，而旱季常常发生干旱。沿海城市还会遇到地下水位浅的问题，成为很多行道树种植的限制条件。高地下水位不仅会阻碍很多行道树根系向下伸长，而且还容易使得土壤积水严重而发生还原反应，产生毒素，导致树木受害。上海每年总有因排水不畅而导致行道树生长不良，甚至死亡的案例。

3.3 地上生境对植物生长的影响

城市特殊生境因为硬质的下垫面而形成特殊的立地条件，造成光、热、水、风等生态要素不同于自然地面，对植物生长产生特殊的影响。

3.3.1 光照

光是大多数绿色植物生长必需的条件，需要利用光进行光合作用，合成有机物，输送到植物体的各个部分，才能不断生长发育。喜光植物如果在光照不足的环境里会导致生长衰弱，不能完成开花结实，直至早亡；耐阴植物也需要一定的散射光。当然，阴性植物和耐阴植物如果在强光环境下也会生长不良或者生长受到抑制，长时间的强光照射甚至会造成植株死亡。城市特殊生境往往表现出特殊的光照环境。

（1）屋顶

屋顶往往因为缺少其他物体的遮挡而使得光照强度和光照时间一般大于地面，加上建筑物反射光的影响，使屋顶绿化植物所受光照强度有所增加。而且随着建筑高度的增加，光反射影响范围增大。屋顶不仅光照强，而且光照时间长，有利于增加光合作用，也有利于长日照植物开花。适当增加光强可促进植物光合作用，但光照过强，会抑制光合作用，甚至引起叶片灼伤，对植物生长不利（秦俊 等，

2006）。所以光照条件是筛选屋顶适用植物的一个重要指标，喜光和适全光的生态习性是优先考虑因素。

影响屋顶光照的因素：①受屋顶自身影响，比如美国俄勒冈州波特兰市实验表明，黑色屋顶和黑色 PV 材料屋顶的日感热通量最大，均值为 331 ~ 405W/m^2。但如果被白色屋顶替代，日通量下降约 80%（Scherba，et al.，2011）。光照也与屋顶坡度和朝向有关，坡屋顶会造成光照强度峰值发生在垂直于屋面的时间，而背阴面光照强度大大降低，其中东西朝向的建筑北面屋顶最低，南北朝向的屋顶西坡面受到西晒的严重影响。②与屋顶覆盖物有关，绿色植物不仅会受到屋顶立地的制约，而且会反作用于屋面，降低日感热通量。再者，周边裙楼的影响不容忽视。裙楼所造成的阴影会降低日照分布和时间，降低夏季强光的危害，并给耐阴植物在屋顶的应用提供可能。

由于屋顶充足的光照条件，有利于光合产物的积累，为屋顶农业展现出优势。屋顶种植水稻、蔬菜等粮食、经济作物可获得比地面更高的产量，为城市农业开辟了新方向。

（2）建筑物外立面

首先，建筑物不同方向的外立面受光情况不同。南立面是建筑最主要的受光面，几乎整个白天都有日光直射，光线非常充足，墙面受到的热辐射量大，尤其是酷热的夏季；北立面受建筑物遮挡，处在建筑物阴影中，漫射光是北立面白天接受的主要光线，少量直射光照会出现在夏日午后、傍晚，光照明显不足；东立面日照量比较均衡；西立面只在日落前接收到直射光线，光线强烈照射形成西晒，夏季尤为严重，其他时间都没入到建筑阴影中。

其次，建筑外立面颜色、材料和开窗情况也会影响太阳辐射。比如，深色墙面比白色墙面吸收更多的太阳辐射；大开窗和窗户间隔小密度大的建筑室内光照量更大。此外，四邻建筑物也会影响采光。如果周围为高大的建筑物，就会形成明显的阴影区，使光照不足。

（3）道路和广场

下垫面性质的不同所形成的小气候也不同，下垫面的反射率差异明显。比如浅色土壤比深色土壤的反射率高（分别为 22% ~ 32% 和 10% ~ 15%），森林和草地的反射率为分别为 15% ~ 18% 和 12.1% ~ 26.1%（刘南威，2000；赵凯，2015）。城市里大量的道路和广场为混凝土、沥青材料，反射率分别为 20% 和 14.0% ~ 16.7%（赵昕和刘洋，2013；赵凯，2015）。硬质铺装的颜色也会影响到反射率，不同颜色地（面）砖的全波段反射率差异很大，其中黄色最高（34.28%），然后依次是红色（31.58%）、绿色（23.62%）和灰色（14.06%）（杨雅君 等，2016）。

城市道路、广场还往往受到周边建筑物的遮挡而产生不同程度的遮阴。如果道路位于建筑物的北侧会产生明显的遮阴；如果位于西侧容易发生严重的西晒，特别是建筑物的玻璃会加重太阳的反射光，造成严重的光污染，从而影响行道树正常生长，如合欢、白玉兰等就容易发生日灼病。

3.3.2 温度

温度与太阳辐射热密切相关，城市特殊生境的温度因光照强度不同而不同。不同下垫面的辐射热明显不同，以北京市为例，建筑、道路等不透水表面的显热通量比植被层年均增加 32.74W/m^2，储热通量增加 7.95W/m^2，年平均温度高 2.63℃（崔耀平 等，2012）。建筑南立面往往因日照充足而温度高于其他方位的外立面，加之南向背风，空气流动不顺畅，使得南立面温度高于周边环境温度；西晒时间虽然比较短，但会使得西立面在短时间内发生剧烈的温度变化，墙面吸收积累热量大，严重影响建筑室内热环境状况；东立面温度比较柔和，与周边环境基本持平；北立面周边环境温度相对较低、相对湿度较大，寒冷的冬季影响更大，不利于植物过冬。

反射率对下垫面表面温度影响显著，反射率越高，表面温度越低（杨雅君 等，2016）。比如，晴天全光照条件下，黑色屋顶（反射系数 0.05）的温度要比周围空气高 34 ~ 50℃；美国加利福尼亚州雷丁市（Redding）在 8 月午时沥青屋面温度可高出 35℃（Berdahl，et al.，2008）。屋顶不仅承受高的光强，而且因自身屋顶材料的比热容低，比如混凝土、水泥砂浆和沥青的比热容分别为 0.88J/（g·K）、0.84J/（g·K）和 1.67J/（g·K），屋顶白天在太阳光照射下升温快，到了晚上又降温快，导致昼夜温差显著高于地面。而且夏季更热、冬季更冷，年温差也大于地面。据 2003 年 7 月对上海市 10 处屋顶进行测试，局部屋顶环境昼夜温差最高可达 30℃（赵玉婷，2004）。

由于太阳辐射的差异，建筑物不同朝向外立面的热力状况差异很大，南面辐射热最大，北面最低，东西面居中，西面因西晒高于东面。而且随着建筑物高度的增加，建筑物外表面热力效应的垂直特征加剧，表现为独特的立体热力特性（张一平 等，2004）。一般来说，建筑外立面白天是热源、夜间是热汇。建筑物外表面对城市立体气候的形成是不可忽视的热力作用面（张会宁 等，2008）。建筑物立面、街道铺装产生的太阳辐射反射，以及一些热源（交通、工业等）均加剧了太阳辐射。伴随着受限制的空气流动，共同产生热岛效应（热岛）和冷岛（冬天，北方城市）。

城市道路和广场多为混凝土、沥青，白天吸收较多的太阳辐射热，升温较快，夜间降温也快，导致昼夜温差大。如浙江嘉兴，水泥地面夏季极端最高温达 60℃以上，比气温高 21℃，比草地高 11℃，而且近水泥地面的垂直散热程度差（范玉芬 等，2008）。可见，行道树被地面铺装这些热力面包围，不利于生长。

适度的温差有利于植物生长和色彩表现。白天较高温度和光强有利于植物光合作用，产生更多的有机物。而到了夜晚温度降低后，植物的呼吸作用降低，可减少有机物消耗，从而积累更多的有机物。所以，提高昼夜温差有助于提高植物的光合作用效率。而且，适度温差有利于植物景观的表达，特别是对树叶变色十分有利，比如银杏的叶色会更黄。这也是屋顶花园中一些植物的生长和景观优于地面的原因之一。对于屋顶农业而言，昼夜温差大有利于提高作物品质（戴希刚等，2011）。但当温差的变幅和变化速度超过植物承受能力时，则导致植物生长不良。夏季高温易致叶片灼伤，根系受损，冬季低温易造成寒害或冻害（秦俊 等，2006）。

3.3.3 水

水是植物生长的必要元素。然而，大多数特殊生境为硬质下垫面，缺少了大地的水分调节作用，除来自于自然降水外，完全依靠人工灌溉。屋顶的相对湿度一般比地面低 10% ~ 20%（黄清俊和贺坤，2014），更加剧了植物的蒸腾作用和栽培介质的水分蒸发；建筑外立面，尤其是高层建筑，空气对流快，水分散失快，相对湿度要比地面低；城市道路和广场不仅造成大量的雨水径流水分流失，而且受辐射热大，街道风的存在都会加重水分散失，使空气湿度降低。某些时候，即使植物根际供水充足，也会因为植株上部风速过高，而导致植物尖端失水过多形成枯梢、枯叶。

总之，城市特殊生境存在表面温度高和光照强（室外）、风速大、空气湿度低的微气候特征，加之栽培介质较薄、容量小，蓄水量很低，加剧了水分短板问题，成为很多植物种应用的限制因素，增加了物种多样性保护的难度。这一问题在北方干旱半干旱地区尤为突出，成为制约特殊生境发展绿化的主要瓶颈。

3.3.4 风

城市里大多数特殊生境具有较高的风速。建筑物顶部由于远离地面，缺少其他物体的阻挡，空间相对开阔，往往风速较大。而且会因为四周更高建筑物的围合而容易形成穿堂风，气流不稳定，湍流运动加剧，风速增强。一般风速随屋顶高度增加而增强，以成都市近地面 10 m平均风速为参考标准，20m 高的多层建筑屋顶平均风速变化幅度为 1.0 ~ 1.7m/s；40m 高的小高层建筑屋顶平均风速变化幅度 1.2 ~ 2.0m/s（黄瑞和董靓，2014）。

总体上，建筑物受到的风效应有 4 种（杨莉，2016）。第一种逆风，指由于建筑物的阻挡，迎风面会形成垂直旋涡，使风速增大。尤其是与高层建筑相邻的中低层建筑顶部逆流效应更加突出，风速增加非常明显。第二种分流风，指风遇到建筑物后被分成两股，从建筑物两侧流经，在分离区流速收敛，风速增大。第三种下冲风，指风遇到建筑物后会产生类似从山顶往山下刮的大风，危害很大，特别对屋顶近外缘的植物威胁更大。第四种穿堂风，指风通过建筑物开口部位时使建筑迎风面和背风面产生压力差，导致风速增加。由于风速、风向等的影响，穿堂风往往具有不稳定性，对植物威胁较大。

建筑物外立面往往受到城市穿堂风的影响，湍流加剧，风向紊乱，风速增强。北立面也是冬季风的主要迎风面，季风来临时风速较大。因此，不宜选择枝条较大或外形太过伸展的植物，并且需要用辅助框架将植物固定在墙面上，避免枝条被风吹落造成危险。

城市道路因为街道风的影响而风速增大。一方面，一些连接城区和郊区的道路所形成的空气对流可以为城区输送新鲜的空气，从而改善市区空气质量，同时带走市区各类热量，减弱热岛效应；另一方面，街道道路形成的街道风在发生台风、龙卷风和暴风雨时会加重危害，给行道树、行人车辆和沿街设施造成破坏。沿海城市容易遭受台风危害，比如，2016 年厦门受“莫兰蒂”台风影响，共有 65 万株树木倒伏，绿化受损面积达九成。因此，沿海城市应注意对现有行道树的科学修剪和防范管理，降低风害，确保安全。

图 3-3　采取防风措施的屋顶花园

适当通风利于植物生长，但风速过高，易导致植物倒伏、风折。所以在迎风口立地条件下绿化应选择抗风植物，或通过群落配置减弱风速的危害，或人工辅助风障设施。比如，上海某商业大厦屋顶建成花园生活中心（图 3-3），在屋顶边缘结合女儿墙设置一排金属板外立面，一方面成为该商场的广告墙，另一方面形成半包围结构，起到阻隔大风的功效，有力保护了屋顶花园中的香樟、乐昌含笑、无患子、榉树、女贞等乔木。

结语

城市硬质下垫面无法为植物提供直接的生长空间，需要人工辅助重建生境。然而，下垫面环境直接影响着气温、辐射、湿度、风等气象要素量值的时空分布，形成特殊的小气候，对植物适生性造成特别的影响。硬质下垫面的不透水层使植物生长所需的水分和养分缺少大地的调节作用，水分和肥力因素远比地面土壤环境恶劣。总之，地下生境在生长空间、介质质量、地下温度、含水量诸方面对植物产生特殊的影响；地上生境表现在光照、温度、水分、风等方面的特殊性。针对种种不利的影响，必须结合空间的特殊性，分类营建生境，为植物提供基本的生存和生长条件。

参考文献

[1] Ampim P A Y，Sloan J J，Cabrera R I，et al.. Green roof growing substrates：types，ingredients，composition and properties [J]. Environ Hortic，2010，28：244-252

[2] Berdahl P，Akbari H，Levinson R，et al.. Weathering of roofing materials - an overview[J]. Construction and Building Materials，2008，22（4）：423-433.

[3] De-Ville S，Menon M，Jia X，et al.. The impact of green roof ageing on substrate characteristics and hydrological performance[J]. Journal of Hydrology，2017，547：332-344.

[4] Latshaw K，Fitzgerald J，Sutton R. Analysis of green roof growing media porosity [J]. RURALS：Review of undergraduate research in agricultural and Life Sciences，2009，4（1）：2.

[5] Monteiro C M，Calheiros C S C，Martins J P，et al.. Substrate influence on aromatic plant growth in extensive green roofs in a Mediterranean climate [J]. Urban Ecosystems，2017（8）：1-11.

[6] Nagase A，Dunnett N. The relationship between percentage of organic matter in substrate and plant growth in extensive green roofs [J]. Landscape & Urban Planning，2011，103（2）：230-236.

[7] Plaster E J. Soil science & management[M].3rd Edition. Delmar Publishers，1997.

[8] Scherba A，Sailor D J，Rosenstiel T N，et al.. Modeling impacts of roof reflectivity，integrated photovoltaic panels and green roof systems on sensible heat flux into the urban environment[J]. Building and Environment，2011，46（12）：2542-2551.

[9] 崔耀平，刘纪远，胡云锋，等 . 城市不同下垫面辐射平衡的模拟分析 [J]. 科学通报，2012，57（6）：465-473.

[10] 戴希刚，黄航，杨守伟，等 . 武汉市屋顶农业调查研究——以武汉市汉阳十里铺社区为例 [J]. 江汉大学学报（自然科学版），2011，39（2）：100-104.

[11] 范爱武，刘伟，王崇琦 . 不同环境条件下土壤温度日变化的计算模拟 [J]. 太阳能学报，2003，24（2）：167-171.

[12] 范玉芬，盛文斌，杜俐萍，等 . 夏季不同下垫面温度的对比观测及分析 [J]. 大气科学研究与应用，2008（2）：50-58.

[13] 黄清俊，贺坤 . 屋顶花园设计营造要览 [M]. 北京：化学工业出版社，2014.

[14] 黄瑞，董靓 . 成都市屋顶绿化植物生存环境研究 [J]. 北方园艺，2014（14）：73-78.

[15] 刘南威 . 自然地理学 [M]. 北京：科学出版社，2000：164.

[16] 秦俊，胡永红，王丽勉 . 上海生态建筑屋顶绿化关键技术的研究 [J]. 北方园艺，2006（5）：

148-149.
[17] 冼丽铧，刘乾，陈红跃，等 . 广州市不同类型屋顶绿化温湿度日变化初步研究 [J]. 林业与环境科学，2013，29（1）：36-41.
[18] 杨莉 . 建筑环境中关于风环境特点的研究 [J]. 江西建材，2016（22）：20-20.
[19] 杨雅君，邹振东，赵文利，等 . 基于高光谱的城市地面砖表面热环境特性的实验研究 [J]. 生态环境学报，2016，25（5）：835-841.
[20] 张会宁，张一平，蓬云川，等 . 昆明和北京两幢建筑物表面热力效应的观测对比 [J]. 应用气象学报，2008，19（5）：573-581.
[21] 张一平，何云玲，刘玉洪，等 . 昆明城市建筑物外壁表面热力效应研究——不同季节建筑物外墙壁面表温和近旁气温时空分布特征 [J]. 地理科学，2004，24（5）：597-604.
[22] 赵凯 . 面向区域规划的热环境参数快速求解研究 [D]. 重庆：重庆大学，2015.
[23] 赵昕，刘洋 . 路表反射率对路面表面温度影响研究 [J]. 科技创新与应用，2013（30）：211-212.
[24] 赵玉婷 . 上海地区屋顶花园植物选择与环境适应性研究 [D]. 北京：北京林业大学，2004.

04

第4章

生境再造及其功能拓展

4.1 概述

特殊生境绿化往往建立在硬质下垫面转化的基础上，需要在硬质下垫面上再造生境，为植物根系提供固着和水分养分的空间。植物选择和生长依赖于生境状况，空间大而优的生境可选择植物的余地就大，有利于植物的持续生长；反之，狭小空间的生境对植物选择的局限性就大，不利于植物的长期生长。可见，再造生境成为可持续特殊生境绿化的基础和核心。

再造生境需要首先了解当地的生境特点，尽可能地利用当地生态资源。土壤作为一种非常宝贵的生态资源，理应成为再造生境的主要成分。然而，由于剧烈的人类活动，城市及其外围的土壤受到不同程度的干扰，比如人为和机械压实、建筑垃圾填埋、工业污染物排放、化肥农药残留等，改变土壤的理化性质，造成土壤质量下降。以上海为例，区域内主要土壤有水稻土、滨海盐土、潮土和黄棕壤，其中水稻土在空间上占绝对优势，其他呈零星少量分布：滨海盐土分布在滨海岸段，潮土分布在少量的旱作耕地、菜园、果园，黄棕壤分布在西部零星小山丘（侯传庆，1992）。透水和透气性对土壤多种功能至关重要，适度的透水和透气性既不太低也不太高，对植物生长恰到好处，不仅为根系、土壤动物和微生物提供氧气、水分和养分，而且不致过度漏水，具有较高的保水保肥性。不过，上海的土壤普遍质地黏重、通气性差，偏碱性。特别在城市化过程中大量的人类活动严重干扰了土壤性质，落叶和枯枝被人为地从土壤表面移走，降低土壤自维持能力，肥力下降，使得城、郊呈现不同程度的土壤质量下降，需要不断人工补充营养。研究表明，中心城区绿地土壤质地黏重，以粉（砂）质黏壤土为主，37.72% 的土壤容重超过《绿化种植土壤》要求，95.61% 土壤总孔隙度不能满足植物正常生长，86.85% 的土壤饱和导水率小于 5mm/h，土壤持水能力差（林啸 等，2007）。新建绿地土壤呈碱性或强碱性，42.45% 的土壤密度大于 1.35Mg/m^3，83.2% 的土壤通气孔隙度小于 5%，有机质含量偏低，水解性氮和有效磷含量低，速效钾含量适中（方海兰 等，2007）。比如，辰山植物园普遍存在土壤容重大、非毛管孔隙度小、渗透性差、质地黏重等缺陷（伍海兵 等，2012）。更为严重的是，上海城市土壤的重金属均极显著地超过上海土壤背景值，其中铅是背景值的 37 倍，潜在生态危害指数为 244.69，达到中等生态危害（林啸 等，2007）。铬、锌等重金属污染也较严重，表现为复合污染（柳云龙 等，2012）。可见，这些土壤不宜直接适用于城市特殊生境绿化，无论容重等理化性质还是质量都不符合特殊生境绿化的要求，必须进行严格的人工配制形成栽培介质。

介质作为特殊生境绿化的基本要素之一，对其组成和厚度有特殊而多样化的要求。说其特殊是因为有别于地面绿地的近自然土壤，往往因为建筑荷载限制、径流水质要求和城市土壤被严重干扰，而需要进行人工改良或配制，改善介质的理化属性，具有相适应的容重和 pH 值、合理的（固、液、气）三相比以及较好的团粒结构，保持丰富而长效的养分含量。这在沿海城市相对于大量的盐碱土而言具有明显的栽培优势。而且，不同的特殊生境绿化对生境再造有不同的需求和侧重点。

城市植物生境再造应遵循以下原则。

（1）应依据当地的气候和地下水位条件改造生境，以满足植物健康和长期生长的需求。温暖湿润地地区，如遇高的地下水位，要充分保证根系生长空间的介质透气和排水，并尽量与地下水隔离，不使产生毛细现象而过湿。

（2）理化性质良好、容重适合的栽培介质。为降低栽培介质荷载给建筑承重的压力，无论屋顶花园、建筑立面绿化还是高架桥面绿化，都特别注重对建筑的影响，一般都要求采用容重小、养分释放稳定的轻型介质，可通过选择少量的有机废弃物如椰糠和密度小的无机材料，按照一定比例配制而成。移动式容器绿化一般会根据选用的植物配制相应的介质，既有一定的自然土壤含量，又添加了较多的人工介质，其容重一般高于屋顶绿化介质、低于行道树土壤，但为了便于移动和替换，尽可能选用容重小的介质。城市中行道树树穴容积有限，往往采取客土方式，要求介质或改良土具有稳定的养分释放和良好的透水保肥能力，但为了支撑高大乔木的良好生长，介质容重相对较大。介质厚度也具有特殊性，比如，屋顶花园受限于建筑荷载而严格约束介质厚度，大多数低于 50cm。垂直绿化除了传统的藤本植物外，多采用拼装式容器绿化，介质厚度受到容器大小的限制而往往仅 10cm 左右。移动式容器绿化显然也受到容器大小的限制。行道树绿化受到树穴的限制，一般树穴在 1.5m 见方，还往往受到四周道路结构以及下面市政管网的制约。总体上，特殊生境绿化介质不像自然土壤结构层那样具有深厚的土层，这是必须慎重考虑的问题。

（3）环保安全性。为了避免介质对植物根系的伤害和对周围环境的二次污染，应选择环保型配方材料，避免使用重金属污染物、有机和无机污染物，以及含有这些污染物的土壤、固体废物等污染性材料，避免含有污染物的灌溉水，控制具有潜在污染源的化肥和农药的使用，避免其沥出物对径流水的污染。还要注意进行消毒处理，防止病原微生物的扩散污染。

（4）可持续性。介质中的养分是有限的，为了防止养分的过快释放和流失，需要通过添加缓释性材料，实现养分的缓慢释放，从而为植物生长提供更久而稳定的养分，实现介质的可持续性利用。以有机肥和长效肥为主，减少速效肥的施用，采取正确的追肥时机和方式等，都将有利于植物的可持续性生长。再造的生境应提高介质的保水性能，添加保水剂、缓释剂材料。好的保水剂可吸收自身重量 3 倍以上的水，然后缓慢释放，从而提高栽培介质的持水量。这种高吸水性材料可根据用途，制成不同大小的颗粒物，比如细的约 0.5 ~ 1.0mm，用于草坪和吊篮；粗的约 1.0 ~ 3.0mm，用于园林种植或容器种植。

有机废弃物的循环利用。有机废弃物经过合理处理后，形成的有机质营养全面，不仅可为植物提供大部分的氮、一半的磷和主要的钾，以及许多关系植物健康成长的有机成分，而且还为土壤微生物提供能源，可以成为介质的有效养分蓄存库和蓄水池，还有利于气体扩散、根的穿插和延展。因此，栽培介质既应注重有机质的添加，又需注意控制有机质的用量。一方面，有机质会随着时间分解而减少，影响介质的稳定性；另一方面，当有机质超过 1/3 时非常容易沉淀而变得坚固，使表层土排水性差、积水，会导致植物死亡。有机质不应超过 30%，20% ~ 25% 比较合适（Craul，1999）。

城市各类绿地在管理修剪过程中会收集大量的离体枝叶，即所谓园林废弃物，通过堆肥可成为优良的有机质（肥）；农林业生产中也会产生大量的有机废弃物，如秸秆、竹屑等，经堆肥都可以成为优良的有机质。有时还会把秸秆、树皮原材料经过简单的短截、粉碎处理，不必经过堆肥过程，直接覆盖利用，起到防止杂草滋生、透水保湿和缓释养分的作用。可作为介质配方材料，应用于生境再造，实现循环利用。

生境再造过程中，优良介质的配制策略是紧扣通气良好，保水、排水平衡以及肥力持久性目标，通过选择环保材料，利用有机废弃物，添加保水（肥）剂和 EM 菌等，获得可持续介质。应注意地下生态系统功能微生物的利用，提高生境活力。功能微生物可持续而有效地分解介质中的有机成分，缓慢释放养分，还能改善土壤质地和结构，还具有固氮及降解重金属等污染物等其他作用。有益微生物包括有益细菌（如固氮菌、硝化细菌、光合细菌）、EM 菌、酵母菌、乳酸菌、放线菌等。因此，添加有益微生物无论对自然土壤改良，还是人工介质的活性，都是非常有意义的。菌根是事关植物健康最重要的因素之一，应重视菌根作用，但很多栽培介质中的生物成分容易被忽略，认为功能微生物能自我维持。当植物从其自然地或苗圃移植到城市环境中时，有可能失去重要的土壤微生物如菌根，一棵树需要通过 100 倍的光合产物增生与菌根作用相当的根系数量，而菌根仅消耗 15% 的光合产物（Marx，1997）。一般城市土壤或人工栽培介质可能含的微生物较低，应接种微生物，使用有机废弃物可促进功能微生物的繁殖。注意添加有机质时适宜的碳氮比应在 33 : 1 以下，以利于分解和植物根系吸收氮。

待根系健康生长后，介质空间会在根系周围形成大量微生物，使介质层更具活性，且在根系稳定生长后产生一定的土壤动物，那么介质层就成为一个具无限活力的空间，成为再造自然的基础部分。

4.2 各种特殊生境再造

4.2.1 屋顶生境再造

屋顶生境再造必须首先考虑建筑荷载条件，要求所有恒荷载和活荷载之和不能超过建筑承载力，包括介质、植物和辅助设施的质量。其中，植物还应当包含未来生长可能的最大总鲜重（地上和地下），介质应包括饱和含水量以及大气沉降物质量。介质筛选主要从成分组成和厚度两方面考虑，下面分别作简要说明。

介质组成事关介质的理化性质，是衡量其好坏的关键。为了降低容重和提供持续性的肥力，往往在介质中添加有机质。有机质是一种稳定而长效的碳源，一方面可通过矿化释放多种必需和基本的营养元素；另一方面通过腐殖质化而暂时储存养分，有利于长效性。而且，有机质有利于团粒结构的形成，能够改善介质的理化性质。常用的有机质很多，如城市园林废弃物、农林废弃物及腐熟醋糟等，经过适当处理，即可利用。目前，华东一些城市开始把竹产品加工产生的废弃物竹炭作为轻型介质和土壤改良剂，不仅营养全面，而且可以调节 pH 值、改善介质结构，还能抑制杂草，综合反响很好。当然，不建议单独使用有机质，还要添加珍珠岩、膨胀黏土、沙、砖渣等无机物，进一步改善介质物理性质。此外，还往往添加功能微生物，比如 EM 菌，不仅能促进植物根际有机质养分的活性和释放，而且有利于团粒结构的形成，固定和分解重金属等有毒有害物质，保护环境。

不过，介质有机质会随着时间流逝不断分解而减少，较难补充，而且还会随着雨水和灌溉水而流失，并造成径流水污染。有关营养物沥出的问题一直是学者们探讨和致力于解决的热点，提出了可持续介质的目标。德国为此提出了 FLL 标准，可限制营养物沥出到径流水中。该标准认为介质初始有机质含量为 3% ~ 10%（干重）是合理的，可提供初始营养，但后期生长可能需要补充营养。这与可持续介质还有一定的差距，可添加缓释性材料来维系肥力的稳定和持久，国内外一些研究者提出了应用水肥缓释性的配方，如一种缓释性水溶肥及其制备方法 CN201410577051.0（陈庆和曾军堂，2014）。

介质厚度是设计介质时需要考虑的另一因素。理想条件下，介质厚度越大，可蓄积的水肥越多，植物根系生长的空间更大，特别是在“海绵城市”目标下可截蓄更多的暴雨。但是，屋顶花园受到建筑荷载的制约，多数建筑的荷载在 100 ~ 500kg/m^2。粗放式屋顶花园一般要求恒荷载 68 ~ 171kg/m^2，介质厚度一般在 15cm 以下；集约式屋顶花园 288 ~ 971kg/m^2，介质厚度大于 15cm（Snodgrass，2006；Whittinghill & Rowe，2012）。因此，粗放式屋顶花园适合大多数屋顶绿化，而集约式屋顶花园仅适合部分屋顶绿化。

4.2.2 建筑立面生境再造

垂直绿化在栽培形式上可分为三种情况。第一种为传统的地面种植藤本植物，第二种为拼装式垂直绿化，第三种为容器栽植藤本植物。地面种植可利用自然土壤，适当添加改良剂进行土壤改良，改善理化性质，即可满足植物正常生长。但拼装式的垂直绿化是凭借种植模块和构架附着于建筑外立面实现绿化，需要再造生境。由于严格的荷载限制，对介质要求较高，特别要求容重低，多选用无土栽培技术，还要求良好的保水保肥能力、肥效持久性和结构的稳定性。由于容器非常小，包含的介质体积非常有限，根系生长空间很小，为了尽可能维持植物的正常生长，需要研发一种新型介质，确保根系在生长过程中，老化而无用的根系能尽快成为介质的一部分，这样根系就会无限生长而不受限于空间的限制，获得持久的绿化景观。第三种容器藤本又可分为两种情况：一种是种植箱置于地面，藤本植物向上攀爬。因为不必考虑承重问题，往往用改良的土壤即可；另一种是容器置于建筑物、构筑物或支架的高处，由于荷载限制，应选用容重低的介质。

生境再造属于人工营建过程，以轻型介质为例，提倡选择农业林业和园林废弃物，如充分发酵后的木屑、竹屑、树皮、枯枝落叶等，减少不可再生资源——泥炭的应用，体现可持续理念。无机物可选择珍珠岩、沙等，作为主要的惰性介质材料，增加了介质的稳定性。优良的栽培介质一般要求容重为 0.1 ~ 0.5g/cm^3，总孔隙度在 75% 以上，pH 值在 5.5 ~ 7 之间，具有一定的缓冲能力和稳定的 C/N，能为植物生长提供适宜的水、肥、气、热条件。以植物纤维为主要原材料，通过特殊的加工工艺合成具有持久而稳定的物理结构的一种新型栽培介质——生态型固化介质，不仅实现了农林业废物再利用，而且经久耐用、不易松散，可同时免去容器配套，介质本身符合了容器和土壤的双重功能；具有稳定和适宜的孔隙度，具有良好的固、液、气三相比，兼透气性、保水性和排水性的平衡；容重轻，适宜屋顶和墙体绿化。而且，植物更新和枯死的根系可同时作为介质补充营养成分。

4.2.3 行道树生境再造

城市行道树土壤往往质量很差，不仅黏重，混杂各类建筑垃圾，而且贫瘠，与理想的树木种植土标准（表 4-1）相差很大。所以需要改良土壤，实现生境再造。应根据立地环境选择大小合适的介质颗粒物。如果没有交通压力，介质颗粒物可小而均匀（粒径 2 ~ 5mm）。实际上由于交通压力的普遍存在，要求介质颗粒物的比例和大小都应增加。最大粒径可达 1.5cm，而且颗粒大小范围在 1.0 ~ 1.5cm。心土层颗粒大小应一致（2.0cm 或更大些），当有交通压力时应控制比例 40% ~ 50%。否则，比例应为 30% ~ 40%。排水层应包含结构材料，以

理想的树木种植土特性 **表 4-1**

土壤特性	期望标准
质地	沙壤土到粉质黏壤土
结构	团粒、碎屑或细的次菱角块
容重和孔隙度	容重 1.1 ~ 1.4mg/m³；大孔隙度应至少 15%（容积）
有效持水量	15% ~ 25%（容积）
渗透性	2 ~ 10cm/h；好到中好排水性
有机质含量	至少 1% ~ 5%（质量）
土壤微生物	应有足够证据反映微生物活力，如蚯蚓粪、蚁穴等，以及凋落物的物理性崩解
pH 值	5.0 ~ 7.5
阳离子交换量	5 ~ 25cmol（+）/kg
养分含量	氮、磷、钾含量正常，无严重的限制性养分或失衡。微量元素同理
可溶性盐	小于 200ppm；600ppm 为警戒线
污染物	没有人为因素产生的污染物、不含有毒物质

资料来源：Craul，1985；1992

减轻重量，应选大粒径（2 ~ 3cm），体积占比 50%（Craul，1999）。

大多数的城市行道树种植需要结合工程技术措施改良土壤。以上海为例，近年来上海市绿化指导站与辰山植物园合作，陆续开展了行道树专业配方土的研制以及配套种植技术的研究。筛分一定粒径的花岗石石子与堆肥黏壤土按一定比例混合，制备成配方种植土。配方土可提高土壤渗透能力、透气性和抗压性，能够长时间保证行道树健康生长。目前通过实践，已经取得了比较好的效果（图 4-1）。配方土适用在硬质空间比较大的地方种植高大乔木，比如广场、人行道等。

针对行道树土壤贫瘠问题，需要通过施肥改善土壤质量。由于行道树所处的特殊位置，可施用的肥料主要有两类：一是液态肥，二是缓释肥。上海世博会期间，为了改善行道树的景观质量，专门配备了一批施肥机械设备，主要增施液态有机肥，严格控制化肥施用，以免加剧土壤板结。

图 4-1　银杏根系（左图为对照，右图为配方土）

为了避免人行道塌陷，往往在修路时进行了充分压实，土壤密实度非常高，还往往拌有三合土，导致土壤紧实度相当高。植物根系难以扎入和穿越，人行道植物生境非常差。采取结构土和机械支撑是解决办法的选项，前者可采用 80% 石块和 20% 园土混合，既提高了结构支撑力，又为根系生长提供了空间（图 4-2）。后者采用框架支撑，中间填入园土，实现人行道结构与根系生长的平衡（图 4-3）。

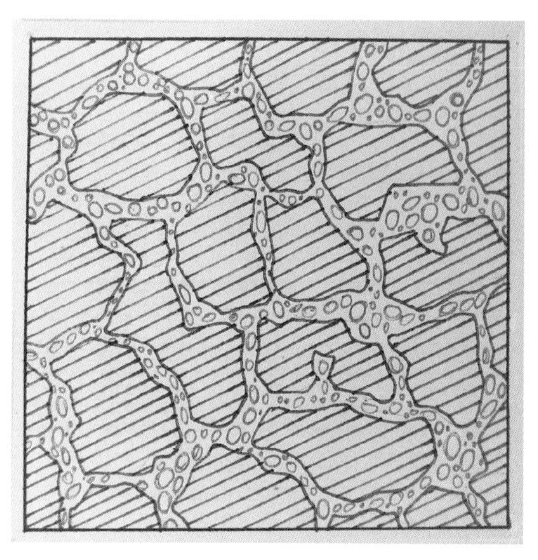

图 4-2　结构土的概念图

注：蓝色块状为石砾，橙色卵圆形为土粒

来源：Watson，2015

图 4-3　框架支撑的应用实例

来源：杨瑞卿

4.2.4　移动式绿化生境再造

移动式绿化需要凭借生境再造为植物提供适宜生长的介质。栽培形式多样，适用植物种类也多，所以应该根据种植位置的立地条件和植物多样性选择合适的介质配方。当容器置于地面时可使用改良的土壤，在园土里添加腐熟的有机物，如果黏重还要添加沙、碎石砾或珍珠岩等，以提高透气性。但如果容器离开地面，置于建筑物、构筑物和柱架上，就要求容重低，采用稳定的有机质与无机物混合配方。不同植物对介质养分的吸收特性不同，有的适合酸性环境，有的喜欢碱性环境，而且不同种类对肥力需求和养分偏好也不同，所以要根据配置的植物调整介质的 pH 值和肥力等化学特性。比如，大花栀子喜酸性土，铁线蕨喜钙质土，苏铁喜欢富含铁的介质。另外，容器的大小也影响介质含量，比如，小容器宜选择粗颗粒介质以改善通气性和排水性；大容器即使细颗粒也能获得良好的排水性和透气性。

与前述人工介质相类似，可移动容器用介质的原材料包括有机物和无机物。前者如木屑、竹屑、稻壳等农林业废弃物，以及微生物制剂等；后者如珍珠岩、陶粒、岩棉等，以及高分子保水剂等。应贯彻可持续发展理念，应用可持续的栽培介质。体现在两方面：一是用农林业废弃物代替不可再生的生态资源，如泥炭；二是尽可能延长介质的使用寿命，通过介质配比提高其稳定性。介质的特性随着时间而改变，如果配置不当，会随着植物生长而使得介质养分快速消耗殆尽，有机质的消耗导致介质结构的破坏而发生塌陷。因此，可持续的介质具有结构稳定和营养缓慢释放的特点。

4.3 生境再造后的功能拓展

城市特殊空间实现生境再造后，改变了下垫面的性质，增添了生态属性，首要服务于植物生长，这是其基本功能。不仅如此，再造生境还具有更多的功能延伸，增添了更多生态、社会和经济价值。

4.3.1 生态

（1）截蓄雨水功能，减轻排水管网压力。通过覆盖介质层改变不透水表面的水文特征，利用植物、介质和其他附属设施吸收、截流和蓄存雨水，产生一定的渗、滞、蓄、净水功能，收集雨水，降低暴雨径流，减轻城市排水管网压力，并起到净化水质的作用，有利于建设海绵城市。根据屋顶花园系统保水特性涉及的多因素特征，从水分输入、输出平衡提出了“屋顶花园系统保水原理概念模型”（图 4-4）（王红兵和胡永红，2017），通过多因素解析对截蓄雨水的贡献，根据各因素在截蓄雨水过程中的作用方式提出径流量公式（王红兵 等，2017），为评判一个屋顶花园系统的水循环结果（最终对径流水作贡献）提供量化评价策略。介质组成和结构、介质厚度是影响截蓄雨水功能的主要因素。介质有机质含量越高、团粒结构越好、介质厚度越大，蓄截雨水就越多。而且，实验发现屋顶花园截蓄雨水功效主要依赖介质层，换而言之，介质是主要的贡献者，远大于植被（VanWoert，et al.，2005）。

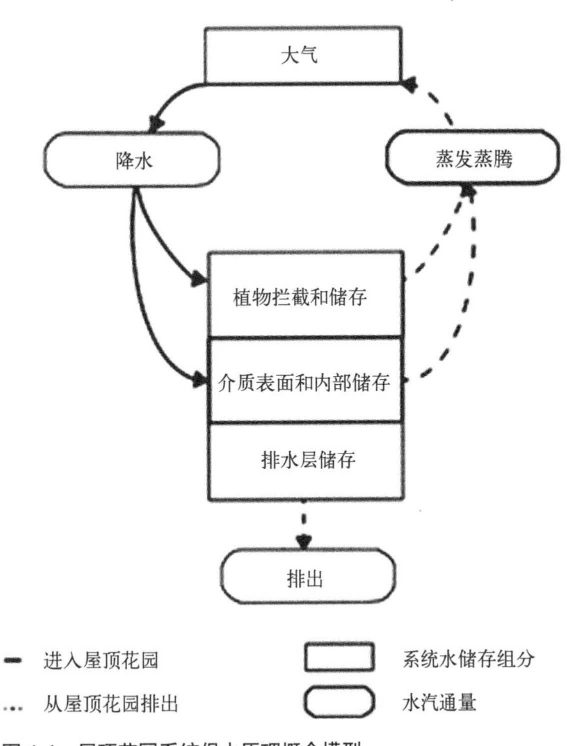

图 4-4 屋顶花园系统保水原理概念模型
来源：李新华 等，2001

首先，不同栽培介质类型，其质地和结构不同，容重和孔隙度不同，其饱和持水量也不同。如果介质团粒结构好，持水量就高，蓄存雨水能力就会增加；相反，如果介质黏重，截蓄雨水效果就会降低。有机质也是影响蓄水能力的重要因素，能促进良好的团粒结构的形成，提高持水量（Brady & Weil，2008）。特殊生境再造多为人工配制的介质，往往有机质含量高、容重低，团粒结构好，具有较好的保水性。

其次，介质厚度越大，单位地表面积的介质容积就越大，就能截蓄更多的雨水。以粗放式屋顶花园为例，因介质厚度不同而能截蓄 60% ~ 100% 的雨水（Monterusso，et al.，2004），从而截蓄雨水并延迟径流的发生，进而推迟洪峰的到来。但厚的介质同时会维持更长时间的湿度，将降低下一次暴雨事件发生时的截留能力。然而，很多建筑会因为荷载限制而对介质厚度有严格的约束性要求。垂直绿化也往往受限于容积非常小的种植模块，介质厚度的可调范围非常有限。移动式容器绿化由于其布置空间的灵活性而表现为多样化的栽培容器大小，介质厚度可调空间较大，小的如几厘米厚的小盆栽、种植盘，大的如 1m 多深的种植箱。而且，有的在下面设置蓄水盘进一步提高了截蓄雨水的能力。

最后，介质初始湿度会影响截蓄雨水功效。无论哪种特殊生境绿化类型，暴雨事件发生之前的介质含水量都是衡量截蓄雨水能力的重要因素。如果暴雨前介质含水量很低，距离介质饱和有很大的空间，就可以预留较大的蓄水空间，在发生径流之前能够储存较多的雨水。反之，如果介质含水量高，与介质饱和相距较近，将降低介质的有效蓄存空间，减弱截蓄雨水能力。这也是连续降雨情况下容易发生城市内涝的原因。

（2）提高生物多样性。再造的生境不仅为植物提供了必要的生长条件，同时也为多种土壤微生物、动物（如蚯蚓、蚂蚁）提供了生存和繁殖空间。间接也为鸟类、昆虫和地面活动动物（如松鼠、黄鼠狼）提供了栖息地（Wang，et al.，2017）。无论土壤动植物还是植物花和果实，都可以招引蜂蝶和鸟类。反过来，鸟类有利于植物的繁殖和传播（李新华 等，2001）；授粉昆虫（如蜜蜂）可增加植物［如金丝桃（*Hypericum fasciculatum*）］授粉机会，使植物长得更好（Knight，et al.，2005）。可见，生境再造对生物多样性功效显著。

（3）对建筑的有利性。利用植物、介质等覆盖建筑物表面，在很大程度上保护了建筑表面结构免于太阳辐射的直接作用，降低了建筑表面材料的温度变化幅度，避免裂口脱皮，并通过隔绝表面与空气的接触而减小氧化老化速度，从而有利于延长建筑物的寿命。

（4）降低能耗，节约电费。建筑物外表面被介质覆盖后可起到降低室内温度的作用。由于介质的比热容高于沥青混凝土，可利用介质（含水分）阻隔太阳辐射直接照射到屋顶、墙面，从而起到降温效果。再者，由于水的比热容较大［水：沥青：混凝土 =4200：1670：960，单位 J/（kg・℃）］，热转移较慢，热储存能力强，所以植物、介质的蒸发蒸腾具有显著的降温效果，从而降低室内温度的变化幅度，即夏季降温、冬季保温。在深圳对粗放式、集约式两类屋顶花园介质层厚度实验表明，土层分别厚 10cm 和 100cm 的两类屋顶花园温度均低于对照（普通屋顶），在 12：00 ~ 16：00，前者低 1.1 ~ 1.7℃，后者低 7.8 ~ 15.4℃（吴艳艳 等，2008）。从而节约空调能耗，节省电费。

（5）农林废物再利用，体现循环经济。现在较多使用的人工轻型介质配方包含了农林业废弃物，如城市里每年园林行业修剪树木产生大量的园林废弃物，通过收集、堆制，形成营养丰富的有机物，作为介质的主要材料。无土栽培中常用的椰糠、椰丝、棕榈丝辅料就是来自棕榈科植物的干皮、果壳等，具有广泛的市场应用。此外，农业生产中产生的秸秆、林产加工中产生的竹屑等都可以堆沤发酵，用于介质配料。这些农林废弃物通过再加工和循环使用，变废为宝，延长了产业链条，赋予了再生资源价值。

4.3.2 社会

纯硬质空间转化为可生长植物的空间。一旦植物能生长，可转化形成一个小微环境，该环境可逐步优化作为一个公众活动的空间。可以说，把一个无用的空间转化为一个有用空间。这个在目前的城市更新过程中，会起到一个非常重要的作用，因为城市更新的主要目的是不断提升城市空间的利用效率和水平。

泽恩认为现代都市中，仅仅是林荫大道和中心公园已经难以满足人们身心健康的要求，巨大的都市社会压力下的人们需要随处可见的、网络化遍布的休憩空间来充当精神的庇护所。佩里公园（Paley Park）就是这种理念的产物（图 4-5），由 Zion & Breen 事务所设计，位于美国纽约市中心曼哈顿，占地面积仅 390 余平方米。但这个袖珍公园的空间功能发挥到较高水准，非常具有吸引力，并享有极高的使用率。公园临街而设，人们可以很方便地从繁华的闹市区进入这方亲切宜

图 4-5　美国纽约佩里公园

来源：Rehan，2016

人的小小天地。其最富吸引力的景观还要数“哗哗”作响的水幕墙，潺潺的水声掩盖了街道上的噪声，花岗石小石块铺装的广场上种植着皂荚树，树冠限定了空间的高度。这种设计既隔离了城市的喧嚣，又保持了公园的闲适和私密性，对于市中心的购物者和公司职员来说，这是一个安静愉悦的休息空间。佩里公园赋予空间一种从容和恬静氛围，这种特质在繁忙的城市中尤为重要。

在全球气候变暖和人们追求舒适生活的大背景下，特殊生境绿化越来越受到人们的重视，屋顶花园、建筑立面绿化等越来越受到各国政府的重视。例如，新加坡交织大楼（TheInterlace）概念出自大都会建筑事务所（OMA）合伙人奥雷·舍人（Ole Scheeren），他为解决当代社会中共享空间与社交需求的问题，提出一种与自然环境协调并注重交流互动的生活方式。建筑以六边形的格局相互联结叠加，形成一个包括空中花园、私人和公共屋顶平台在内的交织空间。植物是住宅的一部分，通过开阔的屋顶花园、具有热带景观的天台和层叠的阳台增加绿色自然环境，使得绿化面积达到最大化，为社会交流、休闲和娱乐提供了大量机会。

再如行道树、广场等硬质空间，在经过生境再造后地上依然保持其功能，如承载力不变，洁净依旧，但地下空间适合根系生长，两不矛盾。且地下空间可作为临时储水场所，有效减缓地表径流速度，因雨水缓慢渗透，又可大幅减轻雨水污染的压力，这个策略同时解决了热岛、污水排放和水体的问题。由此而创造的硬质地表上的绿化空间，成为一个活的空间，其环境舒适度指数升高，满足公众社会活动要求，大大拓展城市硬质下垫面的功能，成为一个有机体。

2010 年上海世博会的主题是“城市，让生活更美好”，世博会近 240 个场馆中，80% 以上都做了屋顶绿化、立体绿化和室内绿化，积极有效地推进了上海市特殊生境绿化的建设步伐。上海市中心城区的土地价格是每平方米数万元人民币，绿化用地成本很高。上海市政府相关部门、企业、科技人员一直都在探索如何利用现代建筑与绿化景观融合的方法，努力提高土地利用率，为上海增添立体感和时尚感。如上海 K11 购物艺术中心坐落于淮海路的黄金地带（图 4-6），它将艺术、自然和商业相互融合，为人民休闲提供了大量公共空间。K11 非常注重特殊生境绿化，垂直绿化在建筑的外围和内庭空间随处可见，六楼是一片豁然开朗的屋顶

图 4-6　上海 K11 购物艺术中心

花园。33m 高空飞泻而下的人工水景瀑布，伴随着逼真的水流声、鸟叫声让人仿佛置身都市丛林。三楼是 300m^2 的都市农庄，突破了室内环境的局限，让大众零距离接近自然，体验种植的乐趣。这些多维园林景观，不但使自然空间完美融合，更让人犹如置身于都市绿洲，从而提升城市公共空间的品质。

随着社会和经济的发展，在这个极度城市化的环境中，尤其是在中心城区寸土寸金的地方，更要考虑城市开放空间的最大化利用和网络化利用，从而决定了创造的绿化景观空间必然是实用的。这样的绿化景观空间是繁忙城市生活的必需品，通过易建造和易维护的特殊生境绿化景观，将自然注入现代大都市水泥森林的空隙之中，创造安全舒适的公共空间，缓解都市人群的身心压力。

结语

再造生境已成为可持续特殊生境绿化的基础和核心。应遵循以下原则：选配理化性质良好、容重适合的栽培介质；注重环保安全性和可持续性；实现有机废弃物的循环利用。无论屋顶还是建筑立面，生境都应选用轻型介质，屋顶生境再造还要考虑建筑荷载条件而设计合适的介质厚度。行道树生境往往需要改良土壤，改善透气性和贫瘠问题，并解决板结问题。再造生境可获得更多的功能延伸，包括生态、社会和经济价值。不过，在实现生境再造之后，就是要求为特殊生境选择适生的植物资源，这也是生境再造的目的和归宿。

参考文献

[1] Brady N C, Weil R R. The nature and properties of soils[M].14th edition.Harlow: Prentice Hall, 2008.

[2] Craul P J. A description of urban soils and their desired characteristics[J]. Journal of Arboriculture, 1985, 11 (11): 330-339.

[3] Craul P J. Urban soil in landscape design[M]. New York: John Wiley & Sons, Inc., 1992.

[4] Craul P J. Urban soils: applications and practices[M]. New York: John Wiley & Sons, Inc., 1999.

[5] Knight T M, Mccoy M W, Chase J M, et al.. Trophic cascades across ecosystems[J]. Nature, 2005, 437 (7060): 880-883.

[6] Marx D H. Plant health care benefits of mycorrhizae[C]//Annual Convention, International Society of Arboriculture, Salt Lake City, 1997.

[7] Monterusso M A, Rowe D B, Russell D K, et al.. Runoff water quantity and quality from green roof systems[J]. Acta Horticulturae, 2004, 639: 369-376.

[8] Rehan R M. The phonic identity of the city urban soundscape for sustainable spaces[J]. Hbrc Journal, 2016, 12 (3): 337-349.

[9] Snodgrass E C, Snodgrass L L. Green roof plants, a resource and planting guide[M]. Timber Press, 2006.

[10] VanWoert N D, Rowe B, Andresen JA, et al.. Green roof stormwater retention: Effects of roof surface, slope, and media depth[J]. Journal of Environmental Quality, 2005a, 34(3): 1036 - 1044.

[11] VanWoert N D, Rowe D B, Andresen J A, et al.. Watering Regime and Green Roof Substrate Design Affect Sedum Plant Growth[J]. Hortscience A Publication of the American Society for Horticultural Science, 2005b, 40 (3): 659-664.

[12] Wang J W, Poh C H, Tan C Y T, et al.. Building biodiversity: drivers of bird and butterfly diversity on tropical urban roof gardens[J]. Ecosphere, 2017, 8 (9): e01905.

[13] Watson D G. Selecting and planting trees[M]. Chicago: Chicago Region Trees, 2015.

[14] Whittinghill L J, Rowe D B. The role of green roof technology in urban agriculture[J]. Renewable Agriculture and Food Systems, 2012, 27 (04): 314-322.

[15] 陈庆，曾军堂. 一种缓释性水溶肥及其制备方法: CN201410577051.0[P]. 2015-02-25.

[16] 方海兰，陈玲，黄懿珍，等. 上海新建绿地的土壤质量现状和对策 [J]. 林业科学，2007, 43 (A01): 89-94.

[17] 侯传庆. 上海土壤 [M]. 上海: 上海科学技术出版社，1992.

[18] 李新华，尹晓明，贺善安. 南京中山植物园秋冬季鸟类对植物种子的传播作用 [J]. 生物多样性，2001, 9 (1): 68-72.

[19] 林啸，刘敏，侯立军，等. 上海城市土壤和地表灰尘重金属污染现状及评价 [J]. 中国环境科学，2007, 27 (5): 613-618.

[20] 柳云龙，章立佳，韩晓非，等. 上海城市样带土壤重金属空间变异特征及污染评价 [J]. 环境科学，2012, 33 (2): 599-605.

[21] 王红兵，谷世松，秦俊，等. 基于多因素的屋顶绿化蓄截雨水效果可比性研究进展 [J]. 中国园林，2017 (9): 124-128.

[22] 王红兵，胡永红. 屋顶花园与绿化技术 [M]. 北京: 中国建筑工业出版社，2017.

[23] 伍海兵，方海兰，彭红玲，等. 典型新建绿地上海辰山植物园的土壤物理性质分析 [J]. 水土保持学报，2012, 26 (6): 85-90.

[24] 吴艳艳，庄雪影，雷江丽，等. 深圳市重型与轻型屋顶绿化降温增湿效应研究 [J]. 福建林业科技，2008, 35 (4): 124-129.

05

第5章

适生植物的筛选

5.1 概述

城市生物多样性的基础是物种多样性，那么，在城市中至少要有多少物种？多少物种合适？这缺乏相关的研究，也少有人关注。如果从理论上推演，以该区域城市化之前的自然物种的数量作为一个基数，那么该城市应该以这个数目作为其目标物种数的本底。随着城市的发展，为满足市民对美好生活日益增长的需求，需要不断增加外来种，城市的生物多样性呈现动态变化。这种改变是人为干预条件下的动态平衡，需要大量的人力、物力来维持。

像上海这样处于冲积平原上的滩地，原生的植物种类并不丰富。由于地势较低、地下水位高，原生种多数是耐水湿的植物。在接近滩地的农村和远郊等地，逐步形成了以芦苇、水杉等耐水湿植物为特色的区域景观，主要出现在城市化进程的前中期。随着区域城市化后，受人工干预，一些先锋物种被更替，区域景观逐渐呈现为人工化的城市绿化风貌。在城市化中后期，由于经济、社会的发展，人们对生活品质要求更高，对植物也有更多的需求，来自区域内外的新奇植物逐步被应用到城市绿化中，逐渐丰富了城市植物多样性。

城市外来植物的筛选大致要经过三个阶段。第一阶段是经验筛选。查找资料，发现在其他地方具有观赏性强以及一定的抗性的植物，这一阶段主要凭经验。第二阶段就是专业的筛选。在城市环境下，引入的植物先是经过植物园这样的专业机构对其生长势及观赏性进行观察，如果表现良好，且不造成生物入侵的，就开始在城市中试种。如果经 3 ~ 5 年的试种，生长势良好，就可以进行一定规模的繁殖和应用，此时会引起公众的关注。第三阶段，即公众的筛选。看其是否满足公众的喜好和管理部门的养护要求。经公众筛选出的种类，会逐渐在城市中扩大应用规模，变成丰富物种多样性的一部分。经过这三个阶段，一个筛选周期会很长，尤其是乔木时间更长，至少在 15 年以上。筛选周期受制的因素除了与城市的经济、社会和管理水平有关外，还受专业水平、地理气候等因素影响，如极端天气现象频发，则会增加筛选的难度。

城市绿化的核心目的之一就是通过筛选和应用提高生物多样性。今天城市物种多样性的成果大都是长期筛选的结果，至于用量的多少则更多地与综合成本相关，应用最多的应该是成本最低的。如果简单地采用市场手段，这种以成本为导向的城市植物多样性会导致生物多样性受到抑制。例如，因为生产和养护成本低，上海的香樟和悬铃木占城市乔木比例的 75% 以上，而其他成本高的物种数量就非常有限。因此，作为公益性的城市植物多样性提升应该采用行政化手段，制定严格的绿化规范和标准，明确要求在绿地中单位面积物种数量的下限，才有实现植物多样性提升的可能。

此外，在城市特殊生境条件下，栽培介质的特殊性决定了植物的特殊性选择，二者互为制约，即什么样的植物需要什么样的介质。生境再造后，植物筛选难度降低，筛选只需考虑气候条件而不用再考虑土壤条件，植物选择范围大幅度增加，生长适应性是首选。植物主要受到光、热、水、风等生态因子的制约。生境的特殊性决定了植物种的适生性，如喜光植物、耐阴植物、耐寒植物、耐热植物，以及应对暴雨径流的雨水花园湿生植物等，反映了植物生态习性的多样性。此外，植物种的筛选还受到建筑荷载的限制，以及繁育技术、经济成本和观赏目的等因素的影响。因此，植物的筛选具有科学、经济、多样（生态）和优美的复合特性。当然，植物筛选还应该考虑当地植被的特征，分析存在的问题，坚持问题导向，以提高筛选的功效。

5.2 城市植物现状和问题

了解一个地方的植物资源现状非常重要，既能对以前的种类做一梳理，找到其中的问题，又能对应设定的目标，提出筛选的方向。本部分以上海作为案例，讨论城市植物的现状和问题。

5.2.1 植被类型

上海地处华东沿海和长江入海口，地理上处于以太湖为中心的碟形洼地的东缘，属于冲积平原，地势平坦，缺少高山密林的庇护；属北亚热带湿润季风气候带，四季分明，雨热同季，年均温 16℃，年降雨量 1200mm。另外，上海无论人口规模还是人口密度都非常大，经济发达，城市化水平高，自然植被破坏严重，使得本来地带性植物资源缺乏的状况雪上加霜，乡土植物种类的分布不断减少，占比也在下降。大量的外来植物在深刻改变区域植物区系组成。

上海的典型地带性植被类型为常绿落叶阔叶混交林，残存于佘山等西部零星小山丘和大小金山等近岸海岛，由于受到人类干扰而呈次生性。代表性植物有麻栎（*Quercus acutissima*）、苦槠（*Castanopsis sclcrophylla*）、青冈（*Cyclobalanopsis glauca*）等壳斗科栎属，和红楠（*Persea thunbergii*）等樟科植物，以及枫香（*Liquidambar formosana*）、化香（*Platycarya strobilacea*）等。沿海盐碱地有碱蓬（*Suaeda glauca*）、白茅（*Imperata cylindrica* var. *major*）等盐土植被，以及芦苇（*Phragmites australis*）、莎草科等滨海沼泽植被（上海科学院，1999）。

调查表明，佘山等 10 余座小山体有蕨类 11 种、野生种子植物 350 种，其中裸子植物 5 种、被子植物 345 种。被子植物中双子叶植物 283 种、单子叶植物 62 种。含种数最多的 3 个科是菊科（37 种）、禾本科（35 种）和豆科（25 种），主要优势种或建群种有大戟科、榆科、壳斗科等（王晨曦 等，2008）。

从地理区系上看，上海木本植物主要以北温带分布（16.9%）、泛热带分布（16.2%）、东亚和北美洲间断分布（15.9%）、东亚分布（15.5%）为主，占总属数的比例均在 10%以上（张庆费和夏檑，2008）。其实，由于无特殊地理阻隔，上海的植物多样性与江浙一带基本相同，比如上海山丘乡土植物区系与江苏和浙江的相似性均高达 95% 以上，但远较贫乏，且以东亚成分和中国特有成分为主（上海科学院，1999）。上海中心城区杂草在地理区系上属于世界广布型的科数最多，为 23 科，占总科数的 71.9%；其他属热带成分的 7 科，温带成分的 2 科。但在种的水平上，属温带成分最多，为 59 种，热带成分 26 种，世界广布的 22 种（田志慧 等，2008）。

5.2.2 植物分类体系

由于大量和持续多年的引种、育种新技术等的影响，上海外来木本植物和栽培木本植物的比例远高于乡土木本植物。木本植物 87 科 304 属 721 种（含种以下单位，包括 626 种、6 亚种、70 变种、19 变型）。其中，被子植物 79 科 278 属 578 种、6 亚种、67 变种、19 变型，占总种数 92.93%；裸子植物 8 科 26 属 48 种、3 变种，占总种数 7.07%（张庆费和夏檑，2008）。中心城区杂草 107 种，占上海野生草本植物 871 种的 12.3%。其中禾本科和菊科最多，同农田杂草科属组成，也同上海总的野生草本植物科属组成（田志慧 等，2008）。不过，最新研究表明，上海外来植物以菊科最多（50 种），其次为豆科（31 种）、禾本科（27 种），这三个科占外来植物 30%。总体上，上海已有维管植物 1199 种，其中原生种 842 种，共有自然区系外来植物 224 种（汪远 等，2015）。

5.2.3 本地种、外来种、入侵种和归化种

上海乡土植物仅约 500 种，外来植物约 350 种（上海科学院，1999）。其中，乡土木本植物比较贫乏，仅 48 科 106 属 156 种、5 亚种、12 变种、1 变型。外来种达 81 科 252 属 470 种、1 亚种、58 变种、18 变型（张庆费和夏檑，2008）。农田杂草约 41 科，150 多种，其中禾本科和菊科最多；宅旁杂草约 230 多种（上海科学院，1999）。中心城区杂草中本地植物 76 种，占 71%；外来植物 31 种，占 29.0%。这些外来种均已成归化种（田志慧 等，2008）。上海外环林带有维管植物 226 种，其中乡土植物与外来植物的比例 1∶3，明显偏低，且缺乏地带

性植被类型。树种分布极不平衡，聚集性显著，香樟和女贞的应用频率分别达到13.1% 和 11.2%（张凯旋 等，2011）。在上海 357 种外来植物中，发现入侵植物64 种，外来植物入侵风险增大。其中逸生或归化种 42 种（汪远 等，2015）。不过，有的认为上海外来入侵植物有 138 种（张晴柔 等，2016）。

5.2.4 主要问题

城市绿地长期的人工化干扰过程导致一些亟待解决的问题，成为制约绿地可持续发展的主要原因。存在的主要问题是：

（1）乡土植物比例低，地带性植被缺乏。持续的城市化造成剧烈的土地利用变化，导致当地植被的破坏、乡土植物的减少。特别是在城市绿化中大量地引进外来物种，加剧了乡土植物比例的下降，同时使得植被结构发生了根本性变化，地带性植被严重丧失。显然不利于当地的物种多样性保护。

（2）外来植物入侵风险增大。城市里大量的外来植物应用带来入侵风险。历史上加拿大一枝黄花、凤眼莲和互花米草的引入就是典型的入侵种案例。大约52% 的入侵植物是人为有意引入造成的，93% 的入侵植物分布于高养分、高干扰生境（张晴柔 等，2016），严重威胁生态安全。

（3）群落结构过于简单，种类单一。城市绿地系统以人工林为主，很少实行近自然的复混模式，使得群落结构普遍简单，比如乔草型、草坪型、纯林等，树种单一，不能提升物种多样性。28% 的绿地群落中只有乔木层而缺灌木层。乔木层 95.2 %、91.7 % 和 84.6% 的落叶阔叶林、常绿阔叶林和针叶林乔木层均由单种组成（王孝泓，2007）。而且需要持续地依靠人工养护维持，违背低维护原则。

（4）城市逆境制约植物多样性。上海虽然有着丰富的雨热资源，但土壤和水文条件往往成为很多植物的制约因素。质地黏重、容重偏高、pH 值偏高成为制约植物分布的主要因素，地下水位高又加剧了这一影响，成为很多大乔木的限制因素。城市里人车的压实进一步加重了土壤物理性质的恶化。所以植物多样性受到制约。另外，为实现城市生态修复而需要的屋顶花园、垂直绿化等特殊生境绿化是在硬质空间重建的生境，人工营建的栽培介质往往很薄、容重小、肥力低，成为多数树种分布的限制条件，势必制约植物多样性。

5.3 城市特殊生境植物筛选的原则和策略

5.3.1 植物筛选的原则

（1）适应性强。城市立地条件的复杂多样性反映了特殊生境的多样性。应遵循“因地制宜，适地适树”，不同的特殊生境要求的植物种类不同，如同一类特殊生境也会因方位、高度和周围建筑相对空间的不同而表现出在微环境中生态因子的异质性；同一个特殊生境也存在中心与边缘、承重与非承重部位、开敞与闭合、单层与复层群落等的不同而需要分别选择合适的植物种。

由于生境远离地面（如屋顶或墙体绿化）或地处大流量的城市人群，而增加了管理的难度。生境的特殊性限制了大部分植物的应用，对适生植物要求苛刻，包括强的耐旱性、耐瘠薄性、耐寒性、耐热性、耐污染性、耐阴或耐强光性以及抗病虫能力，体现强的综合抗性。有些特定环境，还要求植物生长缓慢。这些多样化的要求增加了筛选的难度。可以说，低维护理念与综合抗性强的植物在某种意义上是一致的，只有抗性强的植物才有助于降低管理成本。

（2）观赏价值高。作为城市绿地系统的组成部分，特殊生境绿化的一个核心任务就是满足市民建设美丽家园的需求，观赏性成为多数城市植物的必选条件。要求选用的植物具有强的观赏性，在花果、枝叶及树形等方面表现出奇异的特点，颜色、形态、香味等特性上佳，更应突出植物的文化价值。

（3）生态效益显著。特殊生境绿化致力于解决城市环境问题，所以要求植物在生态服务方面具有独特而突出的功效。比如降温增湿、遮阴防晒、减噪滞尘，芳香保健功能，以及适合动物栖息及为动物提供食物等。同时注意控制花粉致敏及带有飞毛、针刺及大量落果的植物，降低负面影响。

（4）植物多样性原则。城市大量的特殊生境空间为特殊生境绿化提供了可能，在绿化规划设计时应尽可能地选择多的植物种，提高植物多样性。不仅可提高景观多样性，而且为其他动物和微生物提供了多样化的生境，从而提高生物多样性。这既是生态城市的需要，也是可持续发展的要求。

每种特殊生境适生植物筛选后还需要综合分析立地、植物和功能需要，确定所需植物种，进一步设计科学的配置方式，选择合适的应用模式。

5.3.2 植物筛选的策略

从生境的特殊性看，立地条件和植物成为特殊生境绿化的焦点和难点，主要体现在：①生长空间，包括植物地下根系生长空间和地上部分生长空间，以及与其他设施（地上、地下）的关系；②气象条件，包括极端的光照、温度、水分和风力条件；③植物，包括适应性强的植物的观赏价值、生态服务功能，是否有可能变成入侵种，选用的植物种是否有充足的供应量，以及成本因素。所以，在筛选特殊生境植物时应该围绕以上三方面综合考虑植物的生态适应性、观赏特性、抗干扰性和多功能性（表 5-1）。

特殊生境绿化植物选择和应用的综合因素 表 5-1

<table>
<tr><th colspan="2">生态适应性</th><th colspan="2">观赏特性</th><th colspan="2">抗干扰性</th><th colspan="2">多功能性</th></tr>
<tr><td rowspan="4">气象因素（人为难以控制）</td><td>极端温度</td><td rowspan="4">正向条件</td><td>树形 + 树冠</td><td rowspan="4">人为因素</td><td>踩踏</td><td rowspan="4">生态服务</td><td>O_2/CO_2 平衡</td></tr>
<tr><td>极端光照</td><td>色彩</td><td>人为添加物</td><td>遮阴 / 降温</td></tr>
<tr><td>极端湿度</td><td>香味</td><td>人为损坏</td><td>改变湿度</td></tr>
<tr><td>极端风速</td><td>韵律</td><td>其他设施影响</td><td>杀菌</td></tr>
<tr><td rowspan="4">地下因素</td><td>空间大小</td><td rowspan="4">负向条件</td><td>飞毛（叶、花、果）</td><td rowspan="4">其他因素</td><td>耐移植、恢复快</td><td rowspan="4">社会经济服务</td><td>休闲保健</td></tr>
<tr><td>土壤条件（已改良）</td><td>刺</td><td>耐低维护</td><td>交往环境</td></tr>
<tr><td>地下水位</td><td>大量落果（浆果）臭味</td><td>耐修剪</td><td>食（药）材</td></tr>
<tr><td>地下管线</td><td>入侵植物</td><td>抗病虫害</td><td>防（减）灾</td></tr>
</table>

（1）生态适应性。特殊生境绿化立地环境差，首先遵循“适地适树”原则。根据屋顶、建筑外（内）立面、道路广场等特殊空间的小气候特点，综合介质理化性质和厚度、夏（冬）季温湿度变化、风力变化、地下水位等情况，按照可生长空间大小选择合适的植物种。注意把生态适应性相似的植物配置在一起。尽量减少采用产生飞絮（毛）、落（浆）果、臭味和入侵的负面植物。

（2）观赏特性。城市特殊生境绿化往往距离人们最近，优先服务于旁边居住、办公的人群。所以应该注意景观的美景度，要运用园林设计学的一些造景原理，如统一、调和、均衡、韵律四大原则增加观赏性。在提高植物多样性的基础上，综合利用不同植物色、形、香、韵等观赏特性来提高景观多样性。同时要注意合理规避一些负向条件，比如具有飞絮、刺、有毒和入侵性的。

（3）抗干扰性。特殊生境绿化地处人口密集活动区，受人为的干扰性强。比如踩踏频繁使得根系活动区土壤（介质）格外密实，降低土壤（介质）透气排水性，导致树木生长势下降，甚至枯死。建筑、工业、交通活动还会污染土壤，增加重金属含量，对树木造成伤害。另外还时有人为损坏现象的发生，就要求特殊生境配置植物时要考虑到可能发生的问题，选择抗性强、再生和恢复力强的植物种，耐粗放管理、耐修剪，注意对幼苗和新植树种的保护。由于地处人口活动区，特殊生境绿化不能随意打药，所以要求优先选择抗病虫害的植物。

（4）多功能性。由于绿化空间的弥足珍贵，尽可能提高特殊生境绿化的复合功能价值。如选择的植物和群落能产生高的碳汇、遮阴和杀菌功能；适合作为城市动物的栖息环境并为动物提供所需食物；所营造的空间有利于社区交往和市民休闲、保健、避险使用；多用耐火阻燃的植物种，可起到阻隔火线蔓延的功能。

综上所述，影响植物筛选的因素很多，但是针对城市不同生境条件的特殊性，这些指标并不是同等重要的，比如建筑物顶部的生长空间和气象因素成为主要的制约条件；城市行道树的主要制约条件是生长空间和地下因素，而植物的负向性往往成为优选的瓶颈。应该根据不同生境的特殊性选择主要的评价指标，比如在屋顶环境重点要求抗旱性、耐热性和耐寒性，低光照空间要求强的耐阴性，介质薄的立地要求耐瘠薄能力，容器小的立地要求生长缓慢等。还要注意规避一些有毒、带刺、臭味和致敏（花粉）等副作用的评价体系。

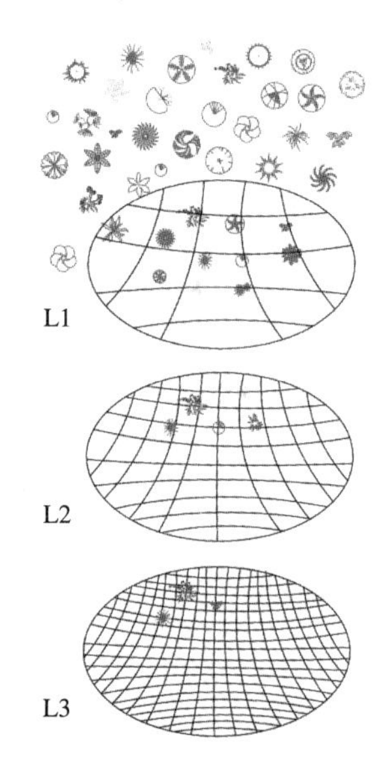

图 5-1　利用三类过滤层筛选适生种

注：L1—限制性过滤层（场地条件、生长空间、土壤、病虫和入侵性）；L2—观赏性过滤层（美景度、个体大小、形态）；L3—功能性过滤层（遮阴、降温、涵养雨水等）

层次分析法（AHP）作为常用的评价和决策方法得以广泛应用，实现多指标、多层次的定量评价。把影响特殊生境适生植物的每类因素作为过滤层，从当地的植物数据库选择共试植物种群，把不符合要求而受到指标限制的植物种过滤掉，这样逐层筛选，最终获得所需的适生种。这应该成为城市特殊生境适生植物的筛选模式。比如建立三层过滤策略（图 5-1）：第一层为生长适应性过滤层，表现对光、热、水、风等方面的适应性，遵循因地制宜、适地适树原则，选择满足小气候条件、抗性强的植物。第二层为观赏性过滤层，满足居住在城市里的人的观赏和感知季节变化需求。第三层功能性过滤层，在前两层过滤的基础上进一步要求满足生态系统功能优化和舒适性需求。植物不仅能够适应特殊生境条件，成活并健康成长，而且要体现植物的复合功能，从而实现适生植物的优选。

具体而言，可从以下六方面制定科学的筛选策略。

（1）遵循生境相似性是筛选的基本策略

植物筛选首要指标是适生性，指该植物种能够适应立地环境条件，这远比其观赏性指标重要。应向自然学习，运用生境相似性原理，为城市环境筛选植物。生境相似性是根据植物在自然环境中的适生性特点，为其选择近似的城市特殊生境。如城市铺装下的生境与山上斜坡具浅层土壤、光照强及相对湿度较低的生境很相似，自然条件下这种环境能生长的植物，在城市铺装环境中也可以生长良好。一些植物进化到对环境具较宽的生态幅，在不同生境条件下植物的生态策略和表现，可为筛选提供有力参考。依照生境相似性原理选择的植物，不仅能提高成活率，还可减少管护成本。

（2）植物的生态响应表征作为筛选的有效策略

在特殊生境条件下，植物的特殊表征可以作为预测其适应性的标准。如在城市干旱条件下，叶片变软的程度可以作为判断其抗旱的指标；干旱气候条件形成的多肉植物组织、针状叶等特征能够反映其具有极强的耐旱性；容易生出气生根和板根的植物反映了其耐水湿的能力。

（3）地带性植物适生性成为筛选的典型策略

为城市特殊场地和气候条件下选择植物时，一般要考虑植物在一个地方会生长许多年，甚至上千年。最典型的古树树种经历了漫长岁月的检验，充分说明了该物种在该地区的适生性。因此，古树在自然条件下的生长状况可为城市生境和气候条件提供参考。上海地区比较典型的古树树种如银杏、香樟、悬铃木、广玉兰等（表 5-2），都已成为现今上海城市绿化的基调树种，特别是香樟和悬铃木已成为行道树的骨干树种。银杏是地球上最古老的孑遗植物，被公认为珍贵的活化石。但由于战乱等因素，历史上很多银杏树被破坏了，只有少数因宗教、帝王、名人等因素而幸存于寺庙、古典园林、宗祠等。由于银杏具有独特的扇形叶、秋色叶和高大优美的树形，以及药用、食用价值而在现代城市中得到越来越多的应用，比如行道树、广场树阵等。

上海地区典型的古树资源 **表 5-2**

序号	种类	株数	占全市百分比（%）
1	银杏	496	30.47
2	香樟	166	10.20
3	广玉兰	118	7.25
4	榉树	84	5.16
5	桂花	84	5.16
6	瓜子黄杨	73	4.48
7	悬铃木	57	3.50
小计		1078	66.22

数据来源：上海绿化指导站

（4）植物综合功能最大化成为筛选的综合策略

植物是城市生态系统中不可替代的生命要素，也是城市景观中重要的元素，能打破建筑、道路等灰色基础设施的冰冷感和生硬感，为人们提供一个自然的空间。越来越多的资料证明了绿化对提升城市生活质量的价值。不过，只有植物健康生长时，绿化的美学、社会价值和弹性才能在环境营建中真正发挥作用。因此，筛选时必须注重植物复合功能的最大化选择，制定多指标的筛选评价体系。

（5）自然演替是筛选的高级策略

演替的状态对植物生长的可持续性和早期发育至关重要，因为阶段性将决定植物存活及其生长。早期生态演替是城市的一个重要生态过程，发生在城市里不同地点，尽管这些地点的初始立地条件和演替速度存在差异（Forman，2017）。早期演替地点对城市区域具有非常重要的生态学意义，是维持植物多样性的重要支撑点。城市环境与森林完全不同，后演替阶段的物种很难在一个封闭的小环境中生长。在狭窄、阳光不足的城市环境中，应筛选那些耐阴和后演替的植物种类。在全光、未改土的城市铺装广场绿化，与自然界中演替早期温暖、土层薄的南坡环境相似，可选择先锋树种，如银杏（*Ginkgo biloba*）、栎类（*Quercus spp.*）等。但如果场地已经用配方土改良过，这与自然碎石坡的条件相似，具有良好的透气性、蓄水能力和肥沃的土壤空间等优点，适合多数植物。

（6）提升植物物种多样性成为筛选的终极策略

城市特殊生境绿化需要植物多样性，丰富物种多样性有利于降低病虫害蔓延风险和为其他生物提供多样性的栖息地。目前，很多城市存在不同程度的物种多样性缺乏问题。如在芬兰赫尔辛基，欧洲椴（*Tilia europaea*）占行道树 44%；在北京，国槐（*Styphnolobium japonicum*）占行道树 25%；在上海，香樟和悬铃木在城市中心区绿化中的占比达 75% 以上。树种的单一化将产生巨大的病虫害蔓延风险，难以控制。比如荷兰榆树病，由榆枯萎病菌 *Ophiostoma novo-ulmi* 引发，给大量种植榆树的欧洲及北美带来严重后果，影响至今。

在某种程度上，特殊生境绿化设计是在想要的（艺术或创造性）和可能的（科学现实）之间妥协。因此，可通过技术手段，拓展适生植物进行可持续绿化的可能性。总之，筛选植物的时候应根据特殊生境类型而定，主要包括屋顶花园植物、垂直绿化植物、移动式容器绿化植物和行道树等。

5.4　各种特殊生境条件下植物的筛选

5.4.1　屋顶花园植物

由于屋顶年温差大、太阳辐射强、风大、蒸腾蒸发大，加上建筑荷载限制，对植物筛选具有一些特殊的条件，比如耐旱、耐热、耐寒、耐强光、抗风，能适应容重小的浅薄介质，体现优良的复合抗性。具体而言，屋顶花园适生种的筛选原则如下。

（1）耐旱性强。这是针对前述屋顶立地条件的特殊性，即突出的水分短板问题而强调的首要原则。屋顶花园往往比地面承受更多的缺水压力，特别是我国北方干旱半干旱地区的城市，水资源非常宝贵。即使南方降水较多、水资源相对丰富的城市，降水季节性差异大，时常造成季节性干旱，而且水质型缺水普遍存在。所以，屋顶花园必须在节水方面具有显著优势才能获得好的发展。筛选耐旱性植物非常重要，很多学者开展了这方面的研究，筛选了一些适生种，比如景天属植物。叶片持水力是反映植物耐旱能力的最基本和最重要的指标之一，相对含水量高的植物对干旱适应能力强。实验表明，反曲景天（*Sedum reflexum*）、花叶垂盆草（*S. sarmentorsum* cv.）、银纹垂盆草（*S. sarmentorsum* 'Variegatum'）等在干旱胁迫 15d 内叶片含水量下降很小（张斌 等，2008）。在逆境胁迫下多数景天植物细胞膜透性变化较稳定，电解质渗出率较小，该类较强的耐旱性。而且，耐旱性强的植物的超氧化物歧化酶（SOD）活性、过氧化物酶（POD）活性和过氧化氢酶（CAT）活性也越强（张杰 等，2007；宋学华，2016）。

（2）耐寒性强。屋顶往往远离地面，空间开敞，冬季比地面温度更低，更容易受到低温伤害，所以对植物的耐寒性要求高。抗氧化酶活性增强，植物体内糖、脯氨酸、多胺等内含物含量高，植物耐寒性就强（徐燕 等，2007；王小华和庄南生，2008）。比如，同样景天属植物也表现出不一样的耐寒性，其中夏辉景天＞苔景天＞佛甲草＞玉米石＞六角景天＞藓状景天＞堪察加景天（张杰和李海英，2010b）；佛甲草、金叶景天、垂盆草在冬季不致枯死，仍然具有一定的观赏性（赵玉婷，2004）。诚然，乡土植物已经适应了当地的地理气候，一般不存在耐寒性问题。所谓耐寒性主要涉及外来植物，应当经过多年的引种栽培实验证明其适宜的耐寒性。一般来说，起源于低纬度带的植物向高纬度带引种时主要考虑耐寒性。一些需要保护性小气候栽培的植物就可能不适应屋顶，所以要慎重。

（3）耐热性强。近年来随着气候变暖，温室效应加剧，夏季持续高温，对很多植物都是严峻的考验。屋顶的辐射热更强，所以筛选植物时必须考虑其耐热性。一些学者做了这方面的研究，比如，赵玉婷（2004）筛选了适应于上海屋顶的耐热植物，如佛甲草、垂盆草、沿阶草等。张杰和李海英（2010）实验证明了堪察加景天、佛甲草、藓状景天等几种景天属植物的耐热能力。一般来说，耐热植物具有一定的叶片特征以适应高温胁迫，如气孔密度大、气孔开度和气孔腔小、部分气孔易关闭、叶片厚、叶肉细胞排列紧密、叶脉维管束特别是木质部导管发达、栅栏组织发达、栅栏组织 / 海绵组织之比高（欧祖兰和曹福亮，2008）。

（4）低矮型、须根系。受介质和建筑荷载的双重制约，屋顶花园植物应以低矮型为主导。其中粗放式屋顶花园多以景天属等地被草本植物为主；集约式屋顶花园以地被灌木和草本为主，仅在建筑荷载允许的条件下，或在建筑承重墙位置布置少量的小乔木。这样不仅有利于建筑安全，而且还减少风害，规避大风的危害。同时，应优先选择须根系植物，慎用直根系植物，避免直根系植物的根系对结构层的穿刺和破坏；另外，也是为了适应薄的介质，依赖横向延长根系，从而起到固着和吸收营养的作用。

（5）慢生型。介质有限的养分和厚度，屋顶花园不允许植物持续而快速地成长，否则容易造成养分消耗过快而后继无力；介质被根系布满而缺少进一步生长的空间，加速衰败。更为严重的是，乔木因为快速生长而植株体过大，会对建筑安全造成威胁和伤害。所以，植物应该筛选慢生型，能够持久而稳定地维持观赏特性，延长屋顶花园生命周期，如景天属、薹草、沿阶草、沙地柏等。

根据上述原则，适合屋顶花园的植物类型如下。

（1）低矮针叶类。慢生性是这类植物应用于屋顶的最大优势之一，还有抗逆性强、株型低矮、观赏价值高（株型美）、观赏期长（常绿为主）、寿命长等优点。既有天然的矮生种，如日本五针松、铺地柏、矮紫杉等，又有人工培育的矮生型品种，如金线柏、'矮生'花柏、短小叶罗汉松等，尤以矮生的柏类植物为主，多数柏类植物具超强的抗旱、抗寒及抗强光的能力。在集约型屋顶花园中有非常好的应用前景，如果结合容器绿化会大大降低根穿刺防水层的风险，综合效果会更好。

（2）小乔木和小型竹类。在屋顶荷载许可的条件下，出于造景需要，有时可配植少量的小乔木和小型竹类，如桂花、海棠、紫薇、早园竹、紫竹等。多用于集约式屋顶花园，要求土层较厚，一般在50～100cm。这类植物增加了群落层次、物种多样性和景观多样性。在国内很多城市如成都、上海可以看到很多花园式屋顶，但要求植物不能有过强的垂直根，树高和树冠局限于小乔木尺度。注意增强阻根层结构，可借助于容器绿化减轻对屋顶结构的威胁。竹类由于鞭根的横向生长力强，需要采取隔离措施，防止无序蔓延，影响相邻植物的生长。

（3）耐旱丛生灌木类。主要指那些株型低矮、抗逆性强的多年生灌木种，如瓜子黄杨、美丽胡枝子、云南黄馨，以及观赏性高、适生性强的新品种，如大花六道木、斑叶红瑞木、匍枝亮绿忍冬、细叶南天竹等。由于以丛生根为主，对建筑的影响介于乔木和草本之间。只要做好基本的阻根层，不必担心对建筑造成危害，所以常用于集约式屋顶花园，是增加物种多样性、景观多样性的主要类群。

（4）抗旱地被类。这类植物的优点是不仅具矮生性，且覆盖地面效果好，加之抗逆性强，已成为屋顶花园的主要植物材料。对介质厚度的要求一般介于小乔木和景天多肉类植物之间，为半集约型屋顶花园的主导植物种。种类多，不仅包括针叶类地被、灌木地被、观赏草地被、景天多肉类地被，还包括低矮的一二年生植物、宿根地被、藤本地被等，如阔叶马齿苋、萱草、鸢尾、麦冬、箬竹等。

（5）观赏草类。这类植物往往抗逆性强，适合低维护；观赏期长、观赏性强，从夏季开花期到秋季色叶期都有较高观赏性；种类多，以禾本科为主（如狼尾草、血草、香茅），以及莎草科等科的部分种（如薹草），可增加物种多样性和景观多样性。

多数为须根类和浅根系，可应用于粗放式屋顶花园。不过，由于多数冬季干枯落叶，应注意及时清理，以免堵塞排水口。

（6）多肉类。这类植物具有极强的抗旱性和耐瘠薄能力，成为屋顶花园的首选，在世界多个国家被广泛应用，如德国、美国、日本的粗放式屋顶花园往往把它作为主导植物材料。在上海常用的种如垂盆草、佛甲草、德国景天、三七景天、仙人掌等，表现良好。

（7）蔬菜类。为了获得绿色新鲜的农产品，城市屋顶农业模式受到市民青睐。要求蔬菜种类不仅具有较强的抗逆性，喜光、耐热 / 耐寒、耐旱，而且对屋顶结构干扰小，属浅根系、须根型，适应薄介质，且多作一年生栽培，可选择适合的季节，短期种植，如迷迭香、甘蓝、马兰、南瓜等。

5.4.2 垂直绿化植物

垂直绿化作为建筑外表面绿化形式中的一种，与屋顶花园既有相似点又有区别点。相似点表现在都远离地面，附着在建筑外表面，受制于建筑荷载，介质薄，对植物种有特殊的要求，比如低矮、慢生、抗逆性强等。但由于立面的特殊性，垂直绿化对植物有着更为苛刻的限制，主要体现在 4 个方面：①受制于容器容量。无论种植毯、壁挂式还是模块式，其种植单元容积都非常小。以常见的壁挂式种植模块为例，其内衬容器一般小于 4000cm^3（胡永红和叶子易，2015），适合植物根系生长的空间非常小。②受制于方位。位于建筑不同方位的外立面绿化因为采光方面的差异而对植物选择有不同的要求，南面应选择喜光植物，北面应选择耐阴植物，西面不要选择不耐晒的植物。③受制于周围环境的影响。比如外围高楼产生的阴影，即使在建筑南面也要选择有一定耐阴性的植物。④受制于风洞效应。由于城市街道风产生风向和风速上的紊乱，要求选择抗风性强的植物。⑤受制于立面的局限性。对自然降水的利用能力要小于屋顶花园，往往需要配套雨水池以收集雨水再进行灌溉。而且容器暴露于空气中导致蒸发加剧，水分散失快，对灌溉需求更为迫切。为了节约用水，就要选择抗旱性强的植物。

根据以上分析，适合垂直绿化的植物如下：

（1）小灌木和地被竹类。主要指个体低矮、株型紧凑、抗逆性强的灌木种。如金线柏、‘矮生’铺地柏、茶梅、火焰南天竹、微型月季、龟甲冬青、金丝桃等矮生品种，以及菲黄竹、菲白竹、鹅毛竹、无毛翠竹等地被竹。虽然灌木种类很多，但适合垂直绿化的种并不多，主要因为容器小，随着灌木生长而根系充斥容器，制约进一步的健康生长。所以，除了植株个体小，还要求生长速度较慢，以延长维持周期，减少更换的频次。

（2）藤本。在传统的垂直绿化中藤本植物是最常见的类型，如常春藤、五叶地锦、薜荔、西番莲、常春油麻藤等，耐粗放管理。在拼装式垂直绿化中，可以用一些小型藤本植物种或品种，如花叶常春藤、蔓长春花、络石、扶芳藤等及其品种。

（3）多年生草本。要求这类植物的抗逆性强，耐旱、喜光或耐阴、耐寒、抗风等，而且常绿，以免冬季落叶影响景观，如石菖蒲、萱草、麦冬、阔叶山麦冬、矾根等，尤其是具较强抗逆性的小型观赏草，如细茎针茅、玉带草、血草，不会因植株高大而掉落，所以这类植物成为拼装式垂直绿化的主导植物材料。

~ ~ ~ ~ ~ ~ ~ ~ ~ ~ ~ ~ ~ ~ ~ ~ ~

高架路下桥柱模块绿化的植物筛选案例

针对高架路下低光照空间等多种特殊立地生境，上海辰山植物园获得科研项目支持，通过对上海及周边地区低光照区域立体绿化植物应用现状的调查，初步确定待选的品种。结合上海高架桥下实地环境的调研，确定其低光照、干旱、污染严重等限制条件。据此，构建了低光照区域适生植物的筛选原则和依据。通过抗逆性实验分别筛选耐阴、耐干旱、抗污染、耐寒类等各类植物 5 ~ 10 种，且要求生长缓慢。通过综合指标比较，筛选出具有单项超强抗性以及超强综合抗性的植物种类，最终形成适生植物推荐名录，供城市低光照区域立面绿化和美化。

首先，针对低光照区域立体绿化模块的植物筛选策略是（图 5-2）：重点筛选生长速度适中、枝叶繁密的常绿或常色叶的小灌木以及多年生草本，其中需要具备适应性强的特点，尤其筛选出在耐旱性、光适应性、温度适应性、抗污染等方面强的植物，同时还具有较强的观赏价值和较强的滞尘、固碳的生态效益。

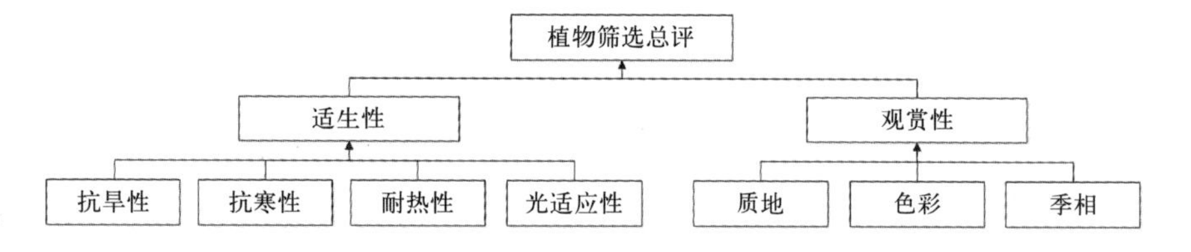

图 5-2　植物筛选指标体系

其次，针对绿化实施的微环境，开展模拟环境的筛选实验。实验地位于上海辰山植物园园艺工作站，搭建模拟不同遮阴的绿化空间（图 5-3），并配置环境监测设备实时监测。

通过多指标系统的测定，在生态适应性方面选择耐阴、耐寒、耐旱、耐污染综合抗性植物，兼顾其要发挥的美化等功能，为此运用 AHP 层次分析法建立绿化植物综合评价模型（各个指标 5 分制），通过调查问卷和专家建议的方式确定各指标权重，要求具中度以上的生态适生性，分值不低于 3 分；基本的观赏性，分值不低于 2 分，综合分值不低于 3 分。最终筛选出 29 种（品种）综合抗性强的植物，如线柏、茶梅、‘卡米丽’红叶石楠、‘矮生’海桐、‘花叶’海桐、‘金边’锦熟黄杨、小叶黄杨、金森女贞、‘圆叶’日本女贞（表 5-3）。

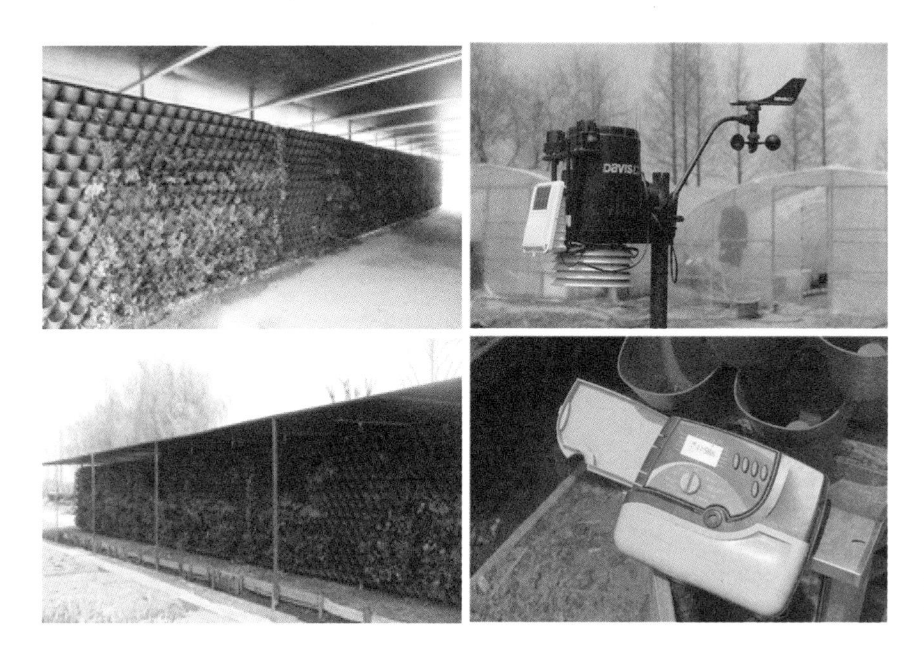

图 5-3　实验地气象环境与设备监测

实验筛选的植物综合评价表　　表 5-3

种名	拉丁名	科别	适生性（*w*=0.8）	观赏性（*w*=0.2）	综合分值
‘卡米丽’红叶石楠	*Photinia × fraseri* ‘Camilvy’	蔷薇科	5	4.15	4.83
‘矮生’海桐	*Pittosporum tobira* ‘Nanum’	海桐花科	4.85	3.2	4.52
茶梅	*Camellia sasanqua*	山茶科	4.3	4.45	4.33
线柏	*Chamaecyparis pisifera* ‘Filifera’	柏科	4.4	3.8	4.28
红花檵木	*Loropetalum chinense* var. *rubrum*	金缕梅科	4.25	4.2	4.24
小叶蚊母树	*Distylium buxifolium*	金缕梅科	4.65	2.5	4.22
绵石	*Eurya emarginata*	夹竹桃科	4.25	3.7	4.14
‘金叶’龟甲冬青	*Ilex crenata* ‘Golden Gem’	冬青科	4.65	2.05	4.13
‘金边’锦熟黄杨	*Buxus sempervirens* ‘Aureo-marginatus’	黄杨科	4.3	3.35	4.11
金森女贞	*Ligustrum japonicum* ‘Howardii’	木樨科	4.25	3.35	4.07
匍枝亮绿忍冬	*Lonicera ligustrina* var. *yunnanensis* ‘Maigrün’	忍冬科	4.45	2.4	4.04
‘金叶’金钱蒲	*Acorus gramineus* ‘Ogan’	菖蒲科	4.1	3.7	4.02
‘金叶’大花六道木	*Abelia × grandiflora* ‘Francis Mason’	忍冬科	3.8	4.8	4
‘金边’胡颓子	*Elaeagnus pungens* ‘Goldrim’	胡颓子科	4.1	3.45	3.97
‘金边’柊树	*Osmanthus heterophyllus* ‘Variegatus’	木樨科	4.3	2.4	3.92

续表

种名	拉丁名	科别	适生性（w=0.8）	观赏性（w=0.2）	综合分值
常春藤	*Hedera nepalensis* var. *sinensis*	五加科	4.3	2.4	3.92
‘火焰’南天竹	*Nandina domestica* ‘Fire Power’	小檗科	3.75	4.5	3.9
‘金边’六月雪	*Serissa japonica* ‘Variegata’	茜草科	4.05	3.25	3.89
‘密枝’南天竹	*Nandina domestica* ‘Compacta’	小檗科	3.8	4	3.84
‘花叶’海桐	*Pittosporum tobira* ‘Variegatum’	海桐花科	3.65	4.3	3.78
美丽野扇花	*Sarcococca confusa*	黄杨科	4.1	2.5	3.78
羽脉野扇花	*Sarcococca hookeriana*	黄杨科	4.1	2.5	3.78
多枝紫金牛	*Ardisia sieboldii*	紫金牛科	4.1	2.2	3.72
‘金边’枸骨叶冬青	*Ilex aquifolium* ‘Aurea Marginata’	冬青科	3.95	2.05	3.57
‘花叶’加拿利洋常春藤	*Hedera canariensis* ‘Variegata’	五加科	3.85	2.05	3.49
小蜡	*Ligustrum sinense*	木樨科	3.35	3.7	3.42
‘圆叶’日本女贞	*Ligustrum japonicum* ‘Rotundifolium’	木樨科	3.35	3	3.28
小叶黄杨	*Buxus sinica* var. *parvifolia*	黄杨科	3.35	3	3.28
‘银边小叶’冬青卫矛	*Euonymus japonicus* ‘Microphyllus Albovariegatus’	卫矛科	3	3.7	3.14

5.4.3 行道树

选择城市行道树的时候应综合考虑以下情况：①城市行道树种植穴土壤空间有限，缺少与周围土壤的有机联系，将严重影响树木根系的后期可持续生长。②土壤质量往往较差，不仅黏重，且容易混杂建筑垃圾和各种交通、工业与生活污染物。③城市热岛效应，街道反射光产生不正常的光热影响。④往往与市政管网毗邻，容易受到电磁辐射、供热管道的干扰。⑤人车流动量大，容易造成践踏、压实，进一步加剧土壤透气透水性的下降。因此，城市行道树要求具有强的抗逆性，不但耐旱，还要忍耐暂时的积水，耐瘠薄、耐践踏、抗日晒。树种幼龄期快速生长，可以快速成景，成龄后则生长缓慢，维持持久的观赏性和林荫效果。植物根系发达，但不能对人行道和城市地下管网系统有潜在破坏力。此外，还要求合理的枝下高。最后，城市街道往往发生树木与建筑、电线的矛盾冲突，特别是沿海城市为了防台风，需要对树木进行修剪，所以要求树木耐修剪。

实现行道树的多样性非常重要，不仅可以提供多样化的生态服务功能，而且增加道路的景观多样性，同时还可以减少病虫害大爆发的风险。然而，很多城市的行道树多样性低、分布不平衡性非常突出。以上海为例，虽然近些年引入了一些新的行道树种，但城区街道还是以悬铃木、香樟为主。据统计，中心城区 70% 的行道树为悬铃木。根据美国芝加哥 i-tree 数据，对困难地承受力强的树种有 54 种，敏感的树种有 56 种，不良树种有 17 种（Watson，2015）。该地区街道不良的种植环境限制了一半的可利用树种。

根据以上分析，适合行道树的植物除了世界四大行道树（悬铃木、七叶树、椴树、榆树）外还有很多，如香樟（*Cinnamomum camphora*）、黄山栾树（*Koelreurteria intergrifolia*）、乐昌含笑（*Michelia chapensis*）、广玉兰（*Magnolia grandiflora*）、洋白蜡（*Fraxinus pennsylvanica*）、墨西哥落羽杉（*Taxodium mucronatum*）等。

5.4.4 移动式绿化植物

移动式绿化的容器和介质都是可以人为调控的，这就为植物选择的多样性提供了可能。如耐旱性的多肉植物、喜酸性的杜鹃花、耐盐碱的海滨木槿，从小到苔藓大到乔木都可以实现移动式绿化，只是容器大小、材料和介质的配方不同而已。可见，移动式绿化的机动性很强，可利用形式多样，所以适用植物也具有多样性。

当然，应根据应用地的立地条件、造景形式和功能需求选择合适的植物材料。①如果应用于花柱、花台、花篮、花钵等小型景观，往往选择时令花卉，比如矮牵牛、紫罗兰、彩叶甘蓝、花叶蔓长春、金叶薯等，布置于小型容器中，构成简单的图案效果，增加城市的色彩，可灵活应用于门楣、窗几、马路边、过街天桥等地点。可摆放、悬挂，形成单体或结合体，这些都是节庆常用形式。②如果应用于花箱，可选择乔木、灌木等，如马褂木、白玉兰、小叶榕、南洋杉、苏铁、五针松、罗汉松等，要求株型完整，观赏性强，或者具有一定的艺术造型美，形成点景效果，还具有林荫效果。可应用于入口两侧、广场树阵，也可作为街道广场的临时隔离措施，具有一定的机动性，即平时起到遮阴、休憩和观赏作用，在大型集会或突发灾难安置时可撤离形成无障碍广场。③各种盆景往往是典型的移动式绿化形式，如日本五针松、火棘、榔榆等可以构成非常独特的造型美，布置于庭院、室内、入口、展厅等，在现代公园的一些重要节点也会放置高水平的移动式盆景作品，体现高雅的品位。④家庭盆栽也是常见的移动式绿化形式，可选择君子兰、文竹、芦荟、吊兰、绿萝等室内植物，放置于室内、阳台、窗台等，可净化空气、观赏和陶冶情操等。⑤在一些公园和家庭可以见到盆栽的水生植物，如睡莲，充分利用容器的机动性，可布置于水塘、案几、假山等，在热季展出，冷季移到室内。既起到控制绿化边界的作用，又可避免冷季冻害。⑥容器座椅一体化种植，即一侧是种植容器，另一侧为座椅，中间为隔离支架，通过在容器中种植藤本植物，如金银花、西番莲、常春藤等，然后沿着支架爬满覆盖，形成绿色“遮阴篷”，方便人们休憩。著者研究团队曾获得“休闲花架”专利，已应用多年，效果良好。

5.5 未来的城市植物

（1）城市化作为 21 世纪的必然选择，是在后工业化时代全球广泛重视的现象。绿色、健康、富裕、安全、宜居的城市家园成为全人类共同的梦想。绿色植物在其中承担不可或缺的基础性作用，成为城市生态系统健康的重要指标。一个鸟语花香的世界不仅有助于人的身心健康，受到人的喜爱，而且便于休闲，提升生态功能。绿色之城、生态之城应当成为未来城市化发展的主要目标，对城市植物的需求应当更加强烈。特别是随着育种技术的进步、大数据的快速发展，城市植被面临前所未有的机遇和挑战。未来的城市植物物种多样性会更加丰富。因为随着育种技术的进步，将出现更多的园艺变种和品种，可以替代那些在城市中适应性强，但观赏价值不大或者有一定性状缺陷的原种，大大丰富城市园林观赏植物资源。在花色、花型、叶色等性状方面开发更多的新材料。城市绿化景观将更加多样化，城市更加美丽。

（2）乡土植物比例提升。随着人们对生态安全的日益关注，乡土植物资源会获得公众更多的认同，城市绿化更加成熟。人们更加有意识地控制外来物种，增加本地植物资源的开发和利用，地带性植被将更多地出现于城区和郊区。

（3）植物抗性得以提升。因为遗传育种技术的不断进步，基因工程会进一步改善观赏植物的抗性，包括耐旱性、耐寒性、耐热性、耐瘠薄能力等，以及抗病虫能力，从而大大降低农药的使用。

（4）精准智能管护技术的普及。随着大数据技术的不断开发，针对不同类型的城市植物会建立相应的数据库，借助于高分遥感、新型传感器和公众科学，就会实现精准智能管护，更加有利于植物的健康生长。

结语

植物作为特殊生境绿化的核心，由于生境的特殊性而提出了严格的筛选要求。应当遵循的原则是适应性优先，同时具有较高的观赏性和生态效益等。筛选的策略包括生境相似性、生态响应表征、地带性植物、复合功能最大化、植物演替规律等。根据特殊生境类型的特点，分别从生态适应性、观赏特性、抗干扰性和多功能性方面实现综合分析评估，由此提出该特殊生境的适生种。由于种植地点和环境的特殊性，在经过筛选获得适生植物种后，还需要适宜的配套设施和技术才可能实现植物与介质的有效固着、改善、维护和生长。

参考文献

[1] Watson D G. Selecting and planting trees[M]. Chicago：Chicago Region Trees，2015.

[2] Forman R T T. 城市生态学——城市之科学 [M]. 北京：高等教育出版社，2017.

[3] 胡永红，叶子易 . 移动式绿化技术 [M]. 北京：中国建筑工业出版社，2015.

[4] 欧祖兰，曹福亮 . 植物耐热性研究进展 [J]. 林业工程学报，2008，22（1）：1-5.

[5] 上海科学院 . 上海植物志 [M]. 上海：上海科学技术文献出版社，1999.

[6] 宋学华 . 干旱胁迫对 4 种沙棘 SOD 和 POD 活性的影响 [J]. 绿色科技，2016（3）：38-39.

[7] 田志慧，陈克霞，达良俊，等 . 城市化进程中上海植被的多样性、空间格局和动态响应（Ⅲ）：高度城市化影响下上海中心城区杂草区系特征 [J]. 华东师范大学学报（自然科学版），2008（4）：49-57.

[8] 王晨曦，王娟，李艳艳，等 . 城市化进程中上海植被的多样性、空间格局和动态响应（Ⅰ）：上海佘山地区残存自然植被种子植物区系及其 50 年的动态变化特征 [J]. 华东师范大学学报（自然科学版），2008（4）：31-39.

[9] 王小华，庄南生 . 脯氨酸与植物抗寒性的研究进展 [J]. 中国农学通报，2008，24（11）：398-402.

[10] 汪远，李惠茹，马金双 . 上海外来植物及其入侵等级划分 [J]. 植物分类与资源学报，2015，37（2）：185-202.

[11] 王孝泓 . 上海绿地植物群落特征及优化对策 [J]. 南京林业大学学报（自然科学版），2007，31（6）：142-144.

[12] 徐燕，薛立，屈明 . 植物抗寒性的生理生态学机制研究进展 [J]. 林业科学，2007，43（4）：88-94.

[13] 张斌，胡永红，刘庆华 . 几种屋顶绿化景天植物的耐旱性研究 [J]. 中国农学通报，2008，24（5）：272-276.

[14] 张杰，胡永红，李海英，等 . 轻型屋顶绿化景天属植物的耐旱性研究 [J]. 北方园艺，2007（1）：122-124.

[15] 张杰，李海英 . 轻型屋顶花园景天属植物的耐寒性 [J]. 中国农学通报，2010，26（23）：249-253.

[16] 张杰，李海英 . 上海地区轻型屋顶花园景天属植物的耐湿热性研究 [J]. 河南农业科学，2010（10）：104-107.

[17] 张凯旋，车生泉，马少初，王瑞，达良俊 . 城市化进程中上海植被的多样性、空间格局

和动态响应（Ⅵ）：上海外环林带群落多样性与结构特征 [J]. 华东师范大学学报（自然科学版），2011（4）：1-14+74.
[18] 张庆费，夏檑 . 上海木本植物的区系特征与丰富途径的探讨 [J]. 中国园林，2008，24(7)：11-15.
[19] 张晴柔，蒋赏，鞠瑞亭，等 . 上海市外来入侵物种 [J]. 生物多样性，2016，21（06）：732-737.
[20] 赵玉婷 . 上海地区屋顶花园植物选择与环境适应性研究 [D]. 北京：北京林业大学，2004.

06

第6章 配套设施与技术

6.1 概述

特殊生境绿化系统借助一些人工设施在一些不太适合绿化的环境下创造植物生长条件营造绿色，可以说是设施绿化，也可以称为生态工程。

配套设施是为了快速实现特殊生境绿化服务的必需品，主要包括支撑结构、种植容器、浇灌系统等。无论哪种特殊生境绿化形式，由于被割裂了与大地的联系，植物和介质必须依赖一定的配套设施才能固着和生长。比如，为了在建筑顶部种植植物，往往需要预先铺设防水、隔热层、阻根层、排水层、过滤层等，确保对建筑无害处理。拼装式垂直绿化需要预先安装构架，才能放置种植模块。移动式绿化必须依赖一定的容器才可实现移动的机动性。行道树虽然植于地面，但往往需要配置树池护树板、通气管等，以免压实。

在筛选相应配套设施时，应满足以下原则。

（1）安全性原则。配套设施材料应保证质量环保、安全，不得含对植物有毒的成分，禁止沥出或释放污染性物质，避免挥发性污染对根系正常生长造成伤害；或者产生沥出物污染径流水，影响周围环境；或者对屋顶农业产品造成吸附性污染，危害人的健康。如保温层不宜使用散状绝热材料，其抗压强度低；防穿刺防水材料应耐霉菌腐蚀，含化学阻根剂，以免强度性能降低。

（2）轻型原则。针对建筑物的特殊生境绿化，所有配套设施材料应优先选择密度小的轻型材料，自重小，以减轻结构层对建筑物的承重压力。如聚酯纤维、聚乙烯、高分子材料等，减少钢筋混凝土的使用量。

（3）经济性原则。为了尽可能地降低预算和建设成本，应在各个环节注意经济性原则。各个结构层材料在坚持环保、安全、有效的前提下选择性价比高的材料。比如，过滤层太薄易发生介质土流失，功效降低；太厚则滤水过慢，不利排水，还增加成本，所以应根据当地降水特点慎重选择。

特殊生境再造不仅需要配套设施，还需要相关的技术支持，从栽培介质配方设计到栽培容器材料、大小和形态，以及与框架和模块的组合，再到建筑材料和结构技术等，实现设施的安全、优质、科学、高效和稳定。

6.2 配套设施

6.2.1 屋顶花园的配套设施

屋顶花园除了防水层、隔热层、阻根层、排水层和过滤层五种基本的结构层外，有的还添加找平层、保水（湿）层和保温层。从下向上，它们的分层排序一般为找平层、防水层、隔热层（保温层）、阻根层、排水层（保水层）、过滤层、介质层和植物层（王红兵和胡永红，2017；Jim，2012；Cantor，2008）。这些结构层的取舍因地域、屋顶花园类型和植物材料而异。粗放式屋顶花园相对简单一些，对阻根层的要求标准低一些；而集约式屋顶花园因为有乔灌竹木，所以对阻根层的要求严格，有时在原有建筑防水层的基础上还要加强防水层，在防水层上面添加阻根层。北方地区的屋顶花园应该添加保温层，而南方地区需要添加隔热层。降水丰富的南方城市应加强排水层的布置，以防屋顶积水，给建筑和植物带来双重危害。为了体现节水理念，还往往设置保水层，有的单独布置保水层和排水层，有的把二者结合在一起，成为一体，具蓄排复合功能（Lundholm，et al.，2014）。

这些结构层中最为关键的是防水层和阻根层，是关系建筑安全、防渗漏的重要环节。一旦发生渗漏事故，无论对建筑自身还是屋顶花园都是伤害，为了修复而需要拆毁大片的屋顶花园，甚至整个屋顶花园系统，造成很大的经济损失，所以必须确保防水层 100% 安全可靠。常见的防水措施如组合屋面、改性沥青、单层防水卷材、涂膜等，应选用耐腐蚀、耐霉烂、耐穿刺、不浸出污染有毒物质的环保型防水材料，如 PVC、TPO、EPDM（橡胶）、液态聚氨酯等（Rovenska，et al.，2014）。有时还需要使用保护性防水层，利用高强度的细石混凝土材料、双向钢筋网片，添加微膨胀剂、防水剂、减水剂等，可提高抗裂、防渗性能，可防止根系穿刺，并加强防水效果，延长其使用寿命。

为了防止植物根系对屋顶结构和防水材料的破坏，往往需要布置阻根层。一般选择 PVC 板、高分子材料板。有时把阻根层与其他层，比如防水层或排水层结合成一体。保护性防水层就兼有阻止植物根系渗透和穿插的性能。有的把防水层加倍布置可兼具阻根效果。

其他附属设施还有雨水口、排水管（沟）、灌溉系统、蓄水池、道路，以及休闲设施、铺装、水池、假山、花架等。为了增强排水层排水效果，应该设置排水管或排水沟，连接每一个雨水口，并与雨水管连通。注意雨水口、排水管口、雨水管口应设置不锈钢网等过滤材料，以防杂物堵塞。屋顶道路系统也是必要的，是绿化养护工人和游人的需要。应与屋檐预留一定的安全距离，可与排水沟（管）结合设计，即把道路布置于排水沟（管）上面，以节省硬质表面。

屋顶蒸发量大，绿化对水的需求迫切，一般都需要配套灌溉系统。在建设屋顶花园的同时预埋管网，为了节约水资源，采取滴灌或渗灌方式，并注意保护毛管末端的滴管器，以防堵塞。同时，应加强雨水收集与利用，所以除了在结构层配置保水层外，在屋顶还应配套蓄水池，与灌溉系统连通，然后沉淀、过滤和灌溉。此外，一些集约式屋顶花园还需要配置休闲设施，以实现休闲健身、商务商业功能。例如，上海某城市花卉广场利用屋顶花园布置了日式、英式等多种风格的园林空间（图 6-1），方便客户体验，还可以游览休憩或购买园艺产品，实现了屋顶花园功能的多样化。

图 6-1　上海某城市花卉广场（莘庄店）

6.2.2　垂直绿化的配套设施

除了传统的地栽藤本植物外，垂直绿化需要凭借容器设施为植物和介质提供固着载体。一般，一套完整的垂直绿化系统包含容器、模块、结构系统、灌溉系统、介质和植物几部分。其中，容器大小因位置、模块和植物而定。如果置于地面，种植常春藤、凌霄、爬山虎等多年生藤本植物，一般为种植箱，尺寸较大，比如 50 ~ 100cm × 30 ~ 50cm × 30 ~ 50cm，使用材料如木材、不锈钢、铝合金等。如果属拼装式垂直绿化，容器就小很多，一般在 10 ~ 15cm，常见材料如 PVC、合成纤维、废纸浆等，要求材质轻，有的还要易分解，以回收循环再利用。

常见的容器形式很多，如壁挂式的种植袋、花盆、花槽依靠吊带、支架、铆钉等固定于墙、柱，呈悬挂状。阁林绿墙植物袋采用抗紫外线粒子材料制成，抗腐蚀、寿命长，利用高强度防水涂料黏合固定于墙体防水层上，避免了对建筑的干扰，特别是防止水分、养分对墙体的腐蚀。种植袋内可放置种植杯，也可去掉种植杯而把植物直接放入。花盆和花槽要采用添加有抗紫外线、抗老化的添加剂的材料，延长使用寿命。要确保固定件的牢固性，防止脱落。市场上常见的模块式种植容器机动性强，可随时安装、拆卸和更换，这就是拼装式垂直绿化。每个模块设 3 ~ 4 个种植口，放置配套的种植钵。

容器植物并非直接排放于建筑立面，而是通过结构系统实现的。固着于建筑立面事关安全性，应制定严格的技术规程。支撑构架是结构系统的主要组件，是承载模块植物和固定的主要设施，由耐腐蚀、强度高的不锈钢材料做成，固着于墙体上形成绿化面板。然后在构架上安装一个个的模块，放置容器植物。根据容器与构架的受力角度不同，固定方式有摆放式、悬挂式、一体式等，安装拆卸方便。

常用的灌溉系统有传统的人工灌溉、滴灌等方式，都需要配套基本的管网。人工灌溉操作简单，成本低廉，但需要花费人工、浪费水资源。对规模大、离地高的模块式垂直绿化就不便操作了。所以往往选择滴灌，需要完整的一套管网，沿结构系统布置，并且分二至多级管网，先沿纵向、横向每隔一定距离布置一级水管，再从一级水管均匀分出二级水管，最后引出滴管头，插入种植容器。确保每一个种植容器都被覆盖，都有滴管头。在连接灌溉系统的总开关处往往设置智能控制阀，可精确控制供水时间和供水量。有时把灌溉与液态施肥相结合，同时提供水分和养分，但一定要注意保护滴管头，防止堵塞。

为了更好地利用雨水，应配套雨水汇集系统。可以在屋顶设置蓄水池，收集雨水，用于绿化灌溉。应注意去除过滤和沉淀，做好去污处理。

此外，利用藤本植物绿化时需要根据植物种和支撑立面质地的特性而定。有的种攀爬能力很强，如爬山虎、凌霄、常春藤利用自身的吸盘或气生根能附着于多种立面，而西番莲、紫藤、金银花、葡萄等缠绕攀缘类往往需要添加花架、棚架、栅栏、丝网等作为支撑物。特别是面对诸如高架桥柱、建筑外立面等光滑表面时往往需要配置铁丝、钢丝、纤维等材料的网状物，辅助植物攀附。

6.2.3 其他特殊生境绿化的配套设施

移动式绿化主要依靠容器栽植，实现植物的可移动性。容器的选材、大小、形态、颜色应根据设计需要、功能需求和植物大小而定。有时分内置容器和外置容器，外置容器一般在材质、颜色和牢固性上要求较高，体现美观、稳定、安全。材料如金属（锈铜板、不锈钢）、防腐木、石材、混凝土、陶瓷陶艺、玻璃钢、高分子PVC 等。颜色有彩色、单色，根据景观需要而定。大小应根据配置空间选择合适的植物体大小和植物组合设计而定。内置容器主要功能是临时承载植物，在材料、颜色和质量上要求相对较低，多为简易容器，用材如废纸浆、薄塑料、塑料纤维膜、泡沫塑料、无纺布等，往往模块化。主要应用形式如盆栽组合、模块拼装、景观绿屏、休闲花架、单株树池等。其中模块拼装是利用定型的植物构架和容器种植槽进行多样化的组装拼接，完成特定的设计效果。景观绿屏以钢结构、种植槽、金属网片等主要构件组合的构架式容器绿化，利用藤本植物覆盖网片形成绿屏效果。休闲花架是在景观绿屏的基础上添加坐凳组件，可以居中休憩。单株树池利用种植箱栽植乔灌木，可随时随地布置获得林荫效果，还可结合种植箱添加坐凳，方便树下休憩。

行道树种植之处由于人流量大，往往需要配置树池护树板，为透空盖板，呈条形格栅、方格状，既能减轻行人践踏，又不影响透气透水。用材如混凝土预制板、PVC 多孔板、铸铁、植草砖等。在地下水位浅、土质黏重的地方，为了改善根系的通气性，往往在种植时斜置入多个通气管。另外，为防止风倒而需要固定树桩，这无论对新植乔木还是多风地区的行道树都是常见的必要措施，即在树穴挖好后打桩，用绑扎材料或金属固件连接树桩与树干，加强固定；也可在树木栽植后土球外围打入树桩，加水平横档，将其与树桩、树干绑扎牢固。大型乔木还需要在周围数米远的地方打钎，用钢丝系到树干分枝出，从两个或多个方向拉直紧固，可更有效地防止风倒和树体晃动，确保树木成活率和安全。如上海的行道树固定措施主要有以下几种：①树桩，竖在马路的东侧或北侧；②防风牵引绳；③地锚（图 6-2）。

图 6-2　固定支架、树桩和支撑结构

很多大树移植还需要包裹树干和搭建遮阴篷，以减少水分蒸腾散失。往往使用浸湿的稻草绳或加厚的无纺布从树干基部密密地缠绕，直至主干顶部，甚至主枝也可缠绕一部分，然后经常喷水保湿。对一些珍贵的乔木在热季还可利用竹木、金属管等材料搭建遮阴网，不过会增加很多成本。树干吊瓶输营养液也是常见措施，以辅助补充营养，促进快速生根、发芽，增加树势和抗逆性。

6.3　相关技术

（1）耐根穿刺防水层技术。在屋顶种植树木至关重要的一点就是防止因树根穿刺屋面系统而造成屋顶结构层被破坏和渗漏。目前常见的耐根穿刺防水材料有物理阻根材料和化学阻根材料两类，分别采用金属材料抵抗和化学添加剂抑止植物根系的破坏作用。不过，以后者为常用类型，即包含化学添加剂的聚合物改性沥青防水卷材。进一步实验和实践验证发现，铜复合胎基改性沥青耐根穿刺防水卷材在现有阻根防水材料市场中性能最优。与聚酯胎聚合物改性沥青耐根穿刺防水卷相比，在抗拉张力和老化后的性能方面均更佳，结构稳定性好，抵抗外界破坏的能力强，能够有效抵抗强穿刺能力的植物根系。

铜复合胎基改性沥青耐根穿刺防水卷材的胎基是选用添加化学阻根剂的改性

沥青浸渍过的长纤聚酯纤维与镀铜毡复合而成，在其上下表面涂覆添加化学阻根剂的 SBS 改性沥青，再覆被聚乙烯膜。由于采用了双重阻根技术，表现出卓越的耐根穿刺性能（吴士玮 等，2016）。

（2）种植单元模块化技术。作为垂直绿化的新形式，模块化（拼装式）绿化技术因其成效快、更换方便、景观和空间可塑性强、机动灵活而受到越来越多的应用，成为现代城市花展、展览会、街头、广场和社区常见的绿化形式。除了垂直绿化为主外，屋顶绿化也可以采用模块化技术。

目前，模块化绿化技术在材料、形式形态上呈多样化。容器材料如聚苯乙烯泡沫、废纸、塑料、金属等。形式形态如壁挂式种植袋、种植毯、G-SKY 模块（单体模块种植植物）、‘water boger’模块（种植盒无单株隔板设置）、错位叠垒式模块（可实现浸润灌溉）、壁挂式模块（模块与种植盆分离，自由拼装）、辰山种植箱（设种植槽或种植穴板，呈致密状）等（秦俊和胡永红，2018）。其中后两种为著者团队研发的专利。

（3）行道树地下连通和配方土技术。针对行道树穴狭小的问题，首先提出了树间地下连通技术，即通过换土和添加石砾，辅助园土、有机质等材料，改善土壤透气性，有利于两侧根系的穿插生长。分明连和暗连，前者可在树间设置绿化带，种植草花或小灌木；后者在改良的土层上部覆盖砖石或透水混凝土等硬质材料，可用作人行道。配方土以砾石为主，辅助园土、有机介质土、土壤调理剂和保水剂等按照一定的比例组成（杨瑞卿，2018），结构稳定，耐践踏，同时石砾间空隙又提供了根系呼吸所需（图 6-4）。

（4）浸润灌溉技术。通过在种植盆底部孔穿上棉线或类似具毛细管作用的材

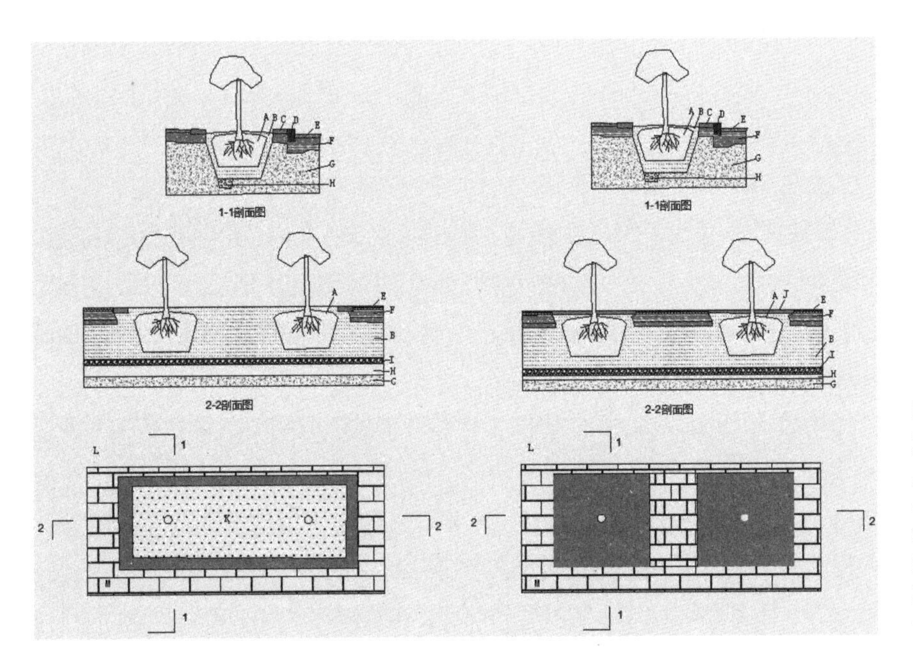

图 6-3　行道树地下连接示意图（左为明连，右为暗连）

A- 根球；B- 配方土；C- 树池护沿；D- 道牙；E- 道路面层；F- 道路基层；G- 素土夯实；H- 排水盲管；I- 砾石排水层；J- 树池盖板；K- 树池；L- 机动车道；M- 人行道

料，借助浸润原理把下面蓄存的水吸附到栽培介质中实现灌溉的过程。可克服滴管系统滴管头容易堵塞的问题，简单有效稳定。而种植盆底部模块槽内的水可通过灌溉管网供应，有的是通过模块槽两侧的水管流入，有的是借助于错位叠垒式模块设置先把灌溉水输送到顶部，然后借助重力逐层往下流入每一个槽内。逐层下移，实现整个植物墙的水分供应。当然，在总管位置可设置智能控制阀实现定时定量自动灌溉，也可以分区设置智能控制阀，进行区别化灌溉管理，有助于根据植物的需水特点进行精细化管理。

（5）雨水收集技术。为了节约水资源就应该大力推行雨水收集技术。一般，一套雨水收集系统包括雨水收集干管、弃流池、初期蓄水池、滤池、清水池、溢流管和灌溉系统等部分，起到收集（汇集）、调蓄、净化和回用的功能（李梅 等，2007）。由于人类活动频繁，硬质下垫面会有各种污染物，特别是城市道路，所以初期雨水应当经过弃流管进入弃流池，进行特殊的更加严格的处理。收集的雨水，经过沉淀、过滤处理合格后才能灌溉使用。有条件的可以把弃流池水经过初步处理后进入人工湿地或泥沙截留过滤带，利用生物过滤。在处理工艺流程中可利用雨水过滤装置替代滤池，通过多层滤网快速高效地进行过滤。

6.4 配套设施发展趋势

特殊生境绿化用途最广的配套设施是浇灌系统、种植容器等。目前这些设施所用材料主要通过工业化流程，整个系统运行大体是半智能、半机械、半人工的状态，并且造价较昂贵。未来可持续利用的设施应该模拟自然的做法，循环利用现有资源，通过生态化设计手段，智能化控制，达到便宜、快捷和易用的目的。

（1）浇灌系统

未来浇灌系统主要特点是：精准化地将水分运输到每一个种植盒里面，实现定时、定量浇水，适时适量地控制水量、灌水时间与灌水周期；可以采用滴灌与喷灌、喷雾等多种灌溉方式，与种植容器配套，形成浸润装置，节约水资源；远程控制管理，免去人工灌溉的成本，节约劳动力；浇灌系统与施肥配比器等系统结合，能更加精确方便地对植物进行施肥养护。

1990 年 Fangmerier 等人研制了将红外线热电偶与空气湿度器、土壤湿度传感器进行整合的自动化灌溉控制器（屈英，2007）；澳大利亚 HARDIE IRRIGATION 公司研发出为控制大面积灌溉使用的 MICRO-RGATIONTM 系统，并对灌溉系统的工作状态进行随时监控（屈英，2007）；2008 年葡萄牙 UTAD 的 Raur 等人研究了将 Zig Bee 技术用于葡萄园的精密栽培（盛会 等，2016）。

智能灌溉设计模仿自然蒸腾拉力、虹吸原理、根压原理，将这些原理应用到植物生长的给水环境中，作为灌溉功能进行仿生设计，形成自动控制技术、传感器技术、通信技术以及计算机技术于一体的灌溉管理系统。主要装置设计分为硬件和软件两部分：硬件中包括了可以自动采集，处理温湿度、风速、雨量、光照等不同环境参数的探针，能够为实现自动、定时、周期灌溉提供信息。智能灌溉还具有报警功能，当灌溉系统出现故障，可立即停止运行并发出报警。

开发软件 APP 为技术端口，使用户进入“互联网 +”和“物联网”，一方面方便管理者进行中控室控制、手机短信控制、现场或非现场遥控控制等操作模式；另一方面，浇灌系统的交互设计，通过 APP，建立文字、图片等信息浏览与大数据和云平台之间的广泛联系（图 6-3）。在数字化时代，这种人机交互的体验，有利于人与城市及自然的和谐交融，保持人、机、环境相互依存、互惠共生的关系。

图 6-4　智能化浇灌设施管理系统

（2）容器

在常规绿化中，植物直接栽植在土中；而在人工营造的绿化环境中，需要承载植物的容器。容器常会因各种绿化系统的设计，在尺寸、样式、材质上存在差异。

容器的制作材料是关键因素，从传统的陶盆、木制容器发展到今天常见的塑料容器。容器发展趋势是综合考虑容器的制作成本和可持续性，可降解的材料是最优的选择。可持续利用的容器应该有足够的深度，保证根系有充足的生长空间，还设计有透水孔及渗水层。另外，可持续容器的设计还应考虑安装滴灌或浸润式灌溉装置，以降低灌溉等养护成本。采用栽培介质与容器分离的方式，浇灌滴头可以直接插入容器的储水腔中，不与栽培介质接触。新型容器设计储水腔中的蓄水量可以满足植物 20 天无需浇水，从而保障了灌溉系统的稳定性。种植容器还应开发使用简单、维护成本低等功能。

结语

特殊生境绿化配套设施是设施绿化的必要组成部分，包括支撑结构、种植容器、浇灌系统等，成为植物和介质赖以固着和生长的基础。应遵循的原则为安全性、轻型、经济性。比如，屋顶花园需要防水层、隔热层、阻根层、排水层、过滤层、找平层、保水（湿）层和保温层等结构性配套设施；垂直绿化系统包含容器、模块、结构系统、灌溉系统等配套设施；行道树绿化需要配置树池护树板、树桩等。未来可持续利用的设施应体现生态化、智能化特点，并依赖相关技术，比如种植单元模块化技术、行道树地下连通和配方土技术等。有了这些设施和技术为依托，就可以进行生境营建和绿化的施工了。

参考文献

[1] Cantor S L. Green roofs in sustainable design[M]. NewYork：W. W. Norton & Company，2008.

[2] Jim C Y. Effect of vegetation biomass structure on thermal performance of tropical green roof[J]. Landscape and Ecological Engineering，2012，8：173 - 187.

[3] Lundholm J T，Weddle B W，MacIvor J S. Snow depth and vegetation type affect green roof thermal performance in winter[J]. Energy and Buildings，2014，84：299 - 307.

[4] Rovenska K N，Jiranek M，Kokes P，et al.. Does long term exposure to radon gas influence the properties of polymeric waterproof materials?[J]. Radiation Physics and Chemistry，2014，94：58-61.

[5] 李梅，李佩成，于晓晶 . 城市雨水收集模式和处理技术 [J]. 山东建筑大学学报，2007，22（6）：517-520.

[6] 屈英 . 基于大田自动控制的滴灌系统模式研究 [D]. 杨凌：西北农林科技大学，2007.

[7] 秦俊，胡永红 . 建筑立面绿化技术 [M]. 北京：中国建筑工业出版社，2018.

[8] 盛会，郭辉，张学军，等 . 浅谈智能灌溉技术应用现状 [J]. 新疆农机化，2016（1）：23-27.

[9] 吴士玮，刘金景，罗伟新，等 . 聚酯胎与复合铜胎基聚合物改性沥青耐根穿刺防水卷材的比较研究 [J]. 中国建筑防水，2016（19）：14-18.

[10] 王红兵，胡永红 . 屋顶花园与绿化技术 [M]. 北京：中国建筑工业出版社，2017.

[11] 杨瑞卿 . 不同配方土对上海市 4 种行道树叶片净光合速率和蒸腾速率的影响及矢量关系分析 [J]. 植物资源与环境学报，2018，27（1）：52-59.

[12] 张斌，胡永红，刘庆华 . 几种屋顶绿化景天植物的耐旱性研究 [J]. 中国农学通报，2008，24（5）：272-276.

07

第7章

绿化营造工程技术

7.1 营造原则

城市特殊生境绿化不同于一般的城市绿地，往往面临介质瘠薄或质地差、水肥不足、光照太强（太弱）、风速太大（太小），以及荷载限制等不利因素，对植物生长限制性较强。比如，植物根系所需土壤体积需要考虑以下方面：①根系生长空间；②计算叶面积指数；③确定蒸腾速率；④确定每天需水量；⑤计算土壤可利用持水量；⑥降水频率或浇水频度。然而，在城市环境条件下，大部分情况下很难满足植物生长理想的土壤条件和充足的根系伸展空间。因此，需要根据所处建筑位置（室内、室外，屋顶、外墙）、道路和广场的空间布局合理选择植物种、容器、介质组成和厚度等，根据根冠比等要求采取合理改良技术，从而实现屋顶花园、垂直绿化、行道树绿化和移动式容器绿化等特殊生境的可持续绿化。

依据城市特殊生境的立地条件，重点考虑有限生长空间这个重要特征值，进行城市特殊生境绿化时应该遵循以下原则。

（1）因地制宜，进行合理规划设计。根据立地条件选择合适的特殊生境绿化方式，注意与城市绿地的互补。每一种特殊生境绿化类型需要配置合适的植物种、栽培介质材料和厚度，以及配套结构设施。选择适合的栽培介质，其介质容积、容重需根据绿化所处的环境而定，进而根据介质情况选择合适的植物种。

（2）植物种类选择。应以多年生植物为主，综合抗性强，表现在耐旱、耐寒、耐热、抗风、抗病虫害等方面，易维护管理。同时，具有较好的观赏特性和生态效益（王红兵和胡永红，2017；Snodgrass，2006）。

（3）栽培介质的改良。介质尽可能使用当地园林或农林有机废弃物，进行适当处理，与其他介质材料或有益微生物有效结合，持续改善栽培介质的理化性质，实现透水透气和保水保肥的平衡。

（4）浇灌的配套。注重节水理念，利用特殊生境绿化系统综合控制、处理和储存暴雨径流水，尽可能地利用雨水、城市中水，实现定时、定量的肥、水和病虫害防控一体化灌溉技术。

（5）经济性。七分种，三分养。注重施工方案一体化规划、设计和细化，加强施工阶段的施工质量监控。施工质量是后续管理良好的保障，避免后期修改调整易破坏景观，造成经济损失。降低从建设到管护的成本，提高经济综合效益。

（6）安全性。安全第一，包括前期的建设施工及后期的养护管理过程中的人身安全、建筑安全、设施安全和环境安全等。

每一种特殊生境绿化都是一个相对独立的生态系统，发生一定的物质、能量和信息流动。需要系统性地理解介质、植物、配套设施等因素，弄清楚每一个因素的影响机理，通过相关影响因素的分析和整合，有助于实现营造工程的最优化。

7.2 施工程序

每一个特殊生境绿化的施工都要严格执行行业规范，尊重设计方案，合理安排施工季节，严格执行技术规程和规范，制定翔实可行的施工计划，保证施工工序的合理高效，加强施工安全防范，并确保工程质量和按期完工，顺利通过工程验收。

具体的施工程序如下。

（1）规划设计。在施工前，应组织风景园林设计师、植物学家、园艺学家、生态学家和建筑师进行现场实地查看和评估，按照业主的要求，应注重自然要素的存在和植物、人体需求的重要性，将绿化与环境一体化设计理念相结合，从人、植物、自然环境三个层面对特殊生境绿化设计进行思考。如产品可替换和可更新；借助绿化改善环境，让人们获得舒适的感受；绿化不应对周围空间以及自然环境造成阻碍，让使用者最大化地使用阳光以及自然的空气和风；遵循审美原则，引入形式美、自然美、艺术美等，形成良好的视觉造型艺术。初步确定合适的绿化形式，提出具体的规划设计方案。

（2）施工准备。严格执行国家和地方的行业规范，如《种植屋面工程技术规程》JGJ 155—2013、《建设工程施工现场消防安全技术规范》GB 50720—2011 等。施工前应结合现场进行图纸会审，贯彻设计思想，推敲方案落地可行性，进一步优化方案。制定翔实的施工计划和工序，再次现场核对和确认设计资料，完善施工图纸资料。进而编制施工方案，进行技术交底。特别要确认设计方案中涉及荷载大的景观要素与建筑具体位置的承载力相协调，以防出现安全问题，要有维护原有建筑结构和建筑外立面的预案和措施。施工单位和人员要有相应的资质证明，做到持证上岗。一些特殊施工环节如防水、建筑小品施工等要求具有专业施工资质。进场的施工材料，如防水、蓄排水、介质等材料应按规定抽样复检，满足环保标准和质量、规格要求，递交检验报告。

施工准备包括场地清理、备料、机械设备准备、设置围挡、临时设施的选址和脚手架搭建、苗木假植、监理预约等。注意进料工序，防止对施工的干扰。施工材料的运输办法和施工作业时间要征得所在单位的同意，要有降低噪声的预案。如果选择通过建筑楼梯或电梯搬运施工材料，还往往要从既有建筑内部引出水电线路，要设法减少对正常办公的干扰。新建建筑可结合在建建筑配套基本的水电设施，利用已有临时电梯或脚手架搬运施工材料，不必另行搭建。

（3）苗木准备。根据设计方案落实苗木供应，复核苗木品种、规格、数量、供应时间、运输方式、费用等细节。非本地苗木应提供检验检疫报告。苗木从起苗、运输到栽植的时间节点与施工进度相协调，需要临时假植的苗木要有预案。为了不影响工期，需要在实施前做好苗木预培养。常见的移植苗有三种：裸根苗、带土球苗和容器苗。裸根苗对根系的损伤小，成本较低，简单快捷，但受季节影响大。裸根苗一个最大威胁是脱水和干枯。带土球苗受季节的约束相对小一些，但土球苗成本高，有时需要机械起运和栽植，起重机、大型货车等现代化机械设备为大型苗木的移植提供了便利。容器苗的种植时间更加灵活，但盘根是这类苗的主要问题，需要去除问题根。屋顶绿化、建筑立面绿化和移动式绿化由于荷载的限制，主要采用轻型栽培介质，进行容器栽培，或按照模块尺寸匹配合适的栽培容器，进行植物 - 介质一体化定型培养。

在行道树移植过程中，遵守根冠平衡原则（李艳琼，2014）。必须慎重对待植物地上与地下相互影响、相互制约的关系，一定大小的树冠需依赖一定范围的根系支持。起苗环节往往需要把分布在土团外围的根系切断，对根系造成不同程度的损伤。为了维持根冠平衡，防止蒸腾导致的水分失衡，就需要对树冠进行一定程度的修剪，特别是大树移植，根系破坏严重，对后期的管养不利。按照张乔松教授提出的“双十”标准种植适龄树，即苗龄不大于 10 年，胸径不大于 10cm，生命力旺盛，移植后恢复快（张乔松，2016）。这也是国际树木学会推荐的标准。

（4）施工阶段。文明施工，防止扬尘、喧嚣，降低施工过程产生的噪声，采取措施控制噪声使符合法定要求。防止垃圾袋等材料随风飘落，及时打扫卫生，保持场地整洁。

施工时，注意把握五点：①严格工序，不能随意改变工序或遗漏工序，比如注意及时清理现场的绿化垃圾，放样、复核、种植、铺装和建筑小品施工前一定要按照图纸放线定点；②把好材料质量关，包括所有材料进场要有检验合格证、栽培介质要符合环保标准、苗木规格要合乎设计要求，并注重新型复合材料的应用，如 SBS 改性沥青耐根穿刺防水卷材、可持续性轻型介质等；③严格施工质量标准，比如防水层要保证卷材层数和厚度、铺贴要平实、接口要热熔黏结牢固，闭水试验要认真，随时对发现的问题整改纠正；④厉行节约，体现在用工用料上，加强项目预算和管理，合理分工，不窝工、不返工，工料供应及时且不浪费，注重苗木成活率，以免补栽造成的浪费；⑤及时协调，包括甲方、物业、监理、工人和供货方等方面，及时解决施工过程中的突发事件，保证工程紧张有序开展。

不同绿化形式的关键技术节点如下：

1）屋顶花园。重型设备放置在建筑承重墙位置，高的设备和乔木要与屋檐保持足够远的安全距离，铺设保温隔热层、找平、做防水（二次防水）和防水实验、铺设阻根层、铺设排水蓄水层、铺设过滤层、填入种植介质、铺设道路、栽植植物等，防止施工时机械设备对防水层和保温层等的破坏等。要求每道工序必须符合《种植屋面工程技术规程》JGJ155—2013 等相关施工规范。

防水是可持续屋顶绿化的关键。若发生漏水现象，这不仅对建筑产生安全影响，也会影响工期、成本。屋顶绿化的防水层，可采用双层防水层法及硅橡胶防水涂膜处理法，防水层施工完后在进入下一道工序前要进行 24h 的防水检验。同时，还必须设置耐穿刺层防止植物生长根系刺穿楼板，使用 EPDM 防水卷材（三元乙丙橡胶防水卷材）、改性沥青类耐穿刺防水卷材、高密度土工膜等材料。

2）立面绿化。加强墙面防水、安装结构系统、安装灌溉系统、植物上架、灌溉系统安装和调试等。根据墙体构造和承载力选择合适的施工技术，构架与墙体的连接点要确保牢固和安全，能够承载构架和植物 – 介质自重产生的拉力。不过，构架也可以脱离建筑而独立存在。以绿墙为例，首先根据防潮设计涂抹防水材料，形成致密紧固的防水保护层，把结构架安装于墙体上，然后固定基质布或上挂种植模块（秦俊和胡永红，2018）。铺设灌溉系统，置入种植容器。具体放置顺序应结合场地条件安排，一般遵循从上而下、先里后外、先中心后四周、先小苗后大苗的原则。也可根据设计图案和施工放样图先放置重要节点，再依此沿图案边线延伸。“种植”完成后，把毛管滴头分别插入每个容器介质内。

灌溉系统是可持续立面绿化的关键。灌溉系统由总水阀、首部枢纽、多级管道和滴头组成，可利用智能控制器、自动阀、传感器实现自动控制。具体根据绿墙大小设计合适的级数和位置，一般沿支撑架的边缘垂直方向设置干管，每隔 1.0 ~ 1.5m 沿水平方向设置支管，再从支管分出一个个毛管，要求毛管分布到每个容器，在毛管端连接滴头。有的在模块下面配置了蓄排水槽，注意溢水口的疏通。

3）行道树。为了保证景观和生态效益，行道树应遵循全冠树种植，针对城市土壤普遍存在的质量问题，如土壤往往黏重、各类垃圾混杂其中，采取土壤改良技术，为树木生长提供适宜的树穴。如果树穴小、排水不良，根系无法获得更大的生长空间，导致小老树。上海迪士尼乐园的园区 1.5m 深的土全部更换为人工配制的疏松土壤，有利于根系向四周土壤生长，获得根深叶茂的效果（冯双平，2016）。

全冠行道树种植的关键是土球和树穴。土球直径应为树干胸径的 10 ~ 15 倍，树穴一般不小于土球直径的 2 ~ 3 倍，土球高度为土球直径的 2/3（刘颖娜，2016）。挖穴时要尽可能保护好理化性质优良的自然表土，树穴底部和四周土壤要疏松。如果场地土质疏松，树根容易扩展扎入周围土壤，树穴可以适当小一些；如果土质黏重，根系难以扎入，就要求树穴大一些。如果地下水位较浅，可适当抬升种植穴，以避免根系进入积水层，不利于树木存活。如果空间大，尽可能营造根系生长通道，保证行道树的健康生长。

（5）安全措施。安全第一，包括工人安全、设备安全、水电安全和材料安全等。施工现场必须采取安全防护措施，确保人员、材料和工具的安全，防止坠落，以及对过往行人、车辆的威胁。作业前严禁工人喝酒、不准在施工现场打闹、不准掷物。如果选择搭建脚手架或临时电梯，要采取措施确保行人安全。设置安全护栏、安全网、隔离墙、警示标志，与行人、车辆有足够的安全距离，戴安全帽、系安全绳、穿防滑鞋，增加消防设置等，安排人员监护现场。脚手架搭建必须严格按照操作规程进行，施工过程中随时检查紧固件是否缺失或破损，一旦发现失稳或松动现象要立即加固。大风天、雨雪天不得施工；电线插座要防水，不致因跑水、下雨等带来漏电风险。行道树还应采取立桩等固定措施，防止风倒、松动。

（6）栽后养护。种植工程作为一项特殊的园林工程，必须保证足够高的成活率才能满足质量验收规定，所以栽后养护成为一个重要的环节。包括栽后的灌溉、植株固定、平衡修剪、辅助遮阴等，直到验收之前。树木定植之后需要保证 3 遍水，栽后当天灌溉一遍水。如果没有足够的降水，需要在 1 ~ 2d 和 5 ~ 7d 内分别完成二遍水和三遍水。每次灌溉要求浇透，使土壤充分吸收水分，有利于与根系的紧密结合，以防松动和漏风。当苗木较大、土层较薄、多风天气时要求对树干加固支撑架，防止树木晃动和倒伏。新栽植物根系尚未萌发，为减少蒸腾导致的根冠失衡，需要适度对树冠进行修剪，减少枝叶量，实现根冠再平衡。或者增设遮阴网、喷洒保湿剂，以降低蒸腾损失水分，从而提高成活率。

（7）竣工验收。应严格执行有关国家标准，如《建筑工程施工质量验收统一标准》GB 50300—2013、《屋面工程质量验收规范》GB 50207—2012、《地下防水工程质量验收规范》GB 50208—2011、《园林绿化工程施工及验收规范》CJJ 82—2012。注意施工现场的清理，把设备、剩余的工料、苗木以及各类垃圾等带离施工现场，打扫干净，植物整齐度符合设计要求，满足景观效果，成活率符合规范和合同要求，仔细检查种植苗木、小品等的质量。确保不同绿化形式的灌溉系统运行稳定，包括智能控制、自动阀和传感器正常运行，保证灌溉管网不渗漏、所有滴头疏通、蓄排水槽的溢水口疏通。屋顶绿化、立面绿化还需要重点检查防水性、构架的稳定性和安全性。通过验收后要及时移交养护任务，防止管理脱节，加强后期的日常管理和养护。

7.3 建筑 - 绿化一体化技术

目前大多数的屋顶花园、建筑立面是在已建楼房基础上再行规划设计和建设施工的，建筑与绿化完全是脱节的。实施绿化时，往往需要对建筑进行加固，铺设管道，采取加强防水处理等措施。有时需要搭建临时脚手架搬运绿化所用材料和工具，或者人工搬运，甚至需要起重机等重型机械调运设备和苗木。还需要加接灌溉水管，与大楼用水管网相连接。不仅增加建设成本，限制了建筑绿化的设计，还容易引起建筑结构的损坏。因此，应该实行建筑－绿化一体化。建筑－绿化一体化设计是指在建筑规划设计之初，就将绿化纳入设计，使之成为建筑的一个有机组成部分，统一设计、施工、调试和验收，使绿化系统完整地融入建筑，做到美观性和功能性统一，实现人、建筑、绿化的和谐。

显然，建筑－绿化一体化相对于建筑与绿化分离的传统模式具有明显的多方面优势（孙长惠，2012；李圆 等，2013）。首先，节省工序和节约建设成本，不仅通过综合利用建造建筑物的设施设备辅助完成绿化工程，从而降低绿化建设成本；又通过免去建筑外表皮装饰层、保温层和屋顶隔热层，为绿化留置空间，从而节约建筑成本。其次，优化建筑设计方案，实现建筑－绿化的有机整体，为绿化预设足够的承重结构件和阻根、防水材料层，最大限度规避绿化对建筑的副作用，提升绿化的正向价值，使绿化成为建筑的有机组成部分。第三，绿化形式更加丰富多样和灵活，在建筑设计阶段就增设特定的绿化空间，减少既有建筑结构体的空间限制，可营造更加多样化的植物景观。最后，有助于落实政府制定的建筑配套绿化指标，从建筑建造阶段实现严格的监理和验收制度，防止建筑完成后绿化流产的问题。

著者团队早在 21 世纪初就已经意识到建筑－绿化一体化的重要意义，在 2010 年世博会期间就提出建筑－绿化一体化技术（叶子易和胡永红，2012），并在上海绿色建筑协会做了推广，后在长三角乃至全国得到了很好的实践与应用。

建筑－绿化一体化设计就是把建筑设计与建筑绿化设计同时考虑，应遵循以下原则：

（1）屋顶花园形式的选择应满足建筑荷载条件，换言之，建筑物荷载设计应符合屋顶花园类型的需求。其中集约式屋顶花园对建筑荷载要求更高，不仅要满足现在的承重，还要预估树木最大时的承重；不仅计算恒荷载，还要考虑活荷载。

（2）建筑物承重部位与屋顶花园荷载应协调，比如集约式屋顶花园乔木的栽种位置设计应与建筑的承重部位相一致，山水式屋顶花园假山位置应结合建筑物承重部位。

（3）建筑物顶部的防水层应与屋顶花园要求的防水和阻根层相结合，并充分考虑到根系的可能干扰，甚至根系分泌物的影响。必要时提高防水结构的标准。

（4）建筑物墙体增设埋固件，作为立体绿化的支撑体，不再单独设计绿化外置骨架。同时墙体增加防水层，防止水分渗入墙体，损伤墙体结构，甚至影响室内结构。

（5）除了屋顶花园、外墙立面绿化外，应该综合利用建筑物多种空间，包括室外平台、首层架空、室内中庭、阳台、窗台、围廊、楼梯、散水、台阶、坡道、下层广场等室内外空间进行绿化空间的布置设计，为绿化预设结构件、容器放置空间、悬吊空间，提高绿化的总量和艺术性。

（6）注重建筑与绿化和谐统一，绿化是为建筑以及建筑里面的人服务的，通过绿化提高建筑的观赏性和生态功能，改善室内环境质量；建筑为绿化提供了载体，营造了特殊的小气候，成为植物赖以生存的空间。当然，如果选择的植物不当，会造成二者的矛盾。

总之，屋顶花园、建筑立面在荷载、防水上的特殊需要就要求加强建筑顶部和承重部位的设计，把屋顶花园、墙面绿化的施工作为建筑施工的一部分，预先布置给水排水管网、防水层、阻根层、排水层等结构层，在建筑完工的同时完成建筑绿化。建筑－绿化一体化的核心关键是如何保证建筑结构的长期安全和稳定，以及景观的持久。

建筑－绿化一体化应包含以下方面：①表现在硬件设施的一体化，避免二次建设带来的成本增加。如把阻根层与防水层或排水层结合成一体，具有复合功能；或者把排水层与保水层结合成一体，即蓄排水层。②设施与建筑的一体化，即在建筑施工阶段就做好配套绿化的设施构建和空间的预留。如拼装式垂直绿化的设计应在建筑外墙体做好防水，预设置支撑构架及其连接件，或直接把墙体作为架构并固定种植模块，或把墙体内凹、预留绿化空间等，同时把灌溉系统与建筑中水利用管网一体化，以及配电的预设和一体化设计等。

注意抓好以下阶段：

首先是设计一体化，建筑设计和屋顶花园、立面绿化设计同步走，做好二者细节的结合，避免两张皮问题。屋顶花园、立面绿化的类型、绿化布局和大乔木的布置都要在建筑设计阶段就确定，根据荷载需要加强建筑结构，以保证二者的统一；或者采取特殊设计增强重荷载部位的承重结构。建筑屋顶结构、墙面结构要严格按照屋顶花园结构层和立面绿化的结构层标准同步设计。另外，在颜色、形状上应注意二者的和谐统一。水电设计也要为屋顶花园预留足够的管网和配件。墙体绿化需要对涉及的部位进行特殊设计，比如承重、厚度、特殊构建、水电等。

其次，在施工阶段要合理设计施工流程，注意施工的科学有序，避免返工、背工或窝工。要充分借用建筑施工阶段的设备条件搬运各种材料，堆放地点和苗木假植地点要有预案。栽培介质一定要注意保持干净，防止被建筑材料污染，更不允许直接利用混杂建筑垃圾的劣质土。要注意施工时保护结构层，防止人工、机械损坏防水层、阻根层、保温层等。墙体绿化在墙体施工阶段就完成防水或者阻根层，添加垂直绿化构架所需的预埋件，侧向拉力部位要求侧向荷载大，要强化墙体结构，做好特殊处理。

最后在施工完成后要及时管理，不能因建筑施工未结束就忽视屋顶花园、立面绿化的栽培养护。注意水电管网的及时开通，防止供水中断或未开通而造成的灌溉难问题，还要防止管道堵塞引起植物死亡。尽量避免建筑施工末期产生的扬尘对绿化景观的影响。另外，要防止浇水时堵塞雨水管网，或者对建筑施工的干扰。

如果雨水管网尚未建好，要严格控制浇水量和方式，防止灌溉水溢出，对建筑物或相邻平台造成干扰。

因此，建筑－绿化一体化技术，使绿化成为建筑的重要组成部分，为人们的工作、学习和生活提供了良好的环境。建筑－绿化一体化设计和施工，不仅可以有效控制成本，而且易于管养、景观持久、功能显著，还可以有效提高人们的生活环境和工作环境，同时对环境起到了保护作用。

～～～～～～～～～～～～～～～～～

案例：深圳建科大厦

该项目位于深圳市福田区北部梅林片区，占地 $3000m^2$，总建筑面积 1.8 万 m^2，共 14 层，其中地上 12 层、地下 2 层。建筑功能包括实验、研发、办公、会议、地下停车、休闲及生活辅助设施等。大楼多处成功采用了建筑 - 绿化一体化技术，建成于 2009 年，已运行多年，效果良好。

大楼首层的架空绿化及南侧布置人工湿地，除了美化环境外，还具有一项更重要的功能——污水处理，通过“人工湿地”水处理系统，处理大楼每天产生的污水；屋顶为花园、菜地和安置各种设备的场所（图 7-1），顶楼雨水花园收集处理过的雨水在达到相应的水质标准后，被用来冲厕和浇灌大楼的绿化植物。

建筑外立面立体绿化，针对西晒的问题，结合西向遮阳设计爬藤类植物，各层设置花坛绿化（图 7-2）；北侧的楼梯间种植垂吊的绿化，在遮阳的同时增加了建筑的立面绿化。

图 7-1　建筑内空间与绿化一体化

图 7-2　建筑外立面与绿化一体化

～～～～～～～～～～～～～～～～～～～～～～～～

结语

城市特殊生境绿化要求特定的绿化营造工程技术。从规划、材料准备到施工和栽后维护都有严格的工序要求，特别注意建筑、设施、介质、植物的综合设计，遵循绿化为建筑和建筑里的人服务，建筑为植物营造微气候的辩证关系，从而实现建筑－绿化一体化技术。在建筑规划设计之初将绿化纳入设计，使之成为建筑的有机组成部分，统一设计、统一施工、统一调试和验收，把绿化完美地融入建筑，从而实现建筑与植物的和谐统一。无论材料的选择，还是施工的过程，以及后续的维护，都要本着节约、高效、环保和可持续的原则。注意结构材料的环保性，不致释放污染物到室内外空气中和径流水中。严格施工工序的合理性，防止施工过程对防水层等其他结构层的破坏，避免介质材料和后续的施肥残留进入沥出物，造成径流水污染。可见，制定并执行严格的特殊生境绿化营造工程技术规范是非常必要的。不过，俗话说“三分栽，七分管”，在营建任务完成之后，更为艰巨和持久的任务是加强科学养管，实现可持续维护成为必然的目标。

参考文献

[1] Snodgrass E C，Snodgrass L L. Green roof plants，a resource and planting guide[M]. Timber Press，2006.

[2] 冯双平 . 上海迪士尼绿化种植土生产工程管理项目案例 [J]. 中国农学通报，2016，32（27）：187-193.

[3] 李艳琼,赵东明,李丛英，等 . 玉溪绿化柿树移栽研究初报 [J]. 黑龙江农业科学，2014（1）：92-94.

[4] 李圆，胡望社，李蒙，等 . 建筑立体绿化的一体化设计探索——以后勤工程学院绿色建筑示范楼为例 [J]. 重庆建筑，2013（8）：19-21.

[5] 刘颖娜 . 苗木反季节栽植的技术要点 [J]. 国土绿化，2016（1）：50-50.

[6] 秦俊，胡永红 . 建筑立面绿化技术 [M]. 北京：中国建筑工业出版社，2018.

[7] 孙长惠 . 立体绿化与建筑一体化设计结合方式初探 [J]. 华中建筑，2012（9）：28-30.

[8] 王红兵，胡永红 . 屋顶花园与绿化技术 [M]. 北京：中国建筑工业出版社，2017.

[9] 叶子易，胡永红 . 2010 年世博主题馆植物墙的设计和核心技术 [J]. 中国园林，2012，28（2）：76-79.

[10] 佚名 . 抑大树进城须转变意识 [EB/OL].2011-6-2. http：//www.yuanlinhr.com/news/detail-57267.htm.

[11] 张乔松 . 海绵城市与绿地树木 [C]//2016 城市树木栽培和养护管理国际研讨会，2016.

[12] 周坤 . 上海国际旅游度假区种植土及容器苗培育项目的实践 [C]//2016 城市树木栽培和养护管理国际研讨会，2016.

08

第8章

可持续维护技术

8.1 概述

城市特殊空间绿化的“特殊性”核心体现在生境空间的有限性，介质容积和养分极为有限，往往缺少水分和养分的持续供应，生长条件恶劣，所以比常规地面绿化更加需要精细养护技术，如水分和养分的持续供应、病虫害防治、设施维护等。针对特殊生境绿化的特殊性，提出了可持续绿化的概念，即一次建成后可维持较长久和稳定的特殊生境绿化景观，植株个体始终适合生长空间，不因过大过重而更新；栽培介质和养分具持久而稳定的状态，不会过快耗尽而更新。显然，为了实现可持续绿化，需要从植物选择和修剪、介质配方和管理、水分和养分缓释性等方面采取相应的栽培和管理技术。

为了更好地实施养护，需要理解根际环境，遵循根冠平衡原则，采取系统的根冠管理策略。不同类型的特殊生境绿化的根际环境并不同，比如屋顶花园和垂直绿化往往选择人工介质，透气性好，但保水保肥性能较低，需要通过栽后养护补充水肥。而行道树绿化往往土质黏重，排水性差，根际生长空间有限，需要采取透气性措施，需要扩展根系空间。无论哪种绿化形式，都应根据水、肥、气等要素制定合理的根系管理策略（表 8-1）。促进根系生长的适生环境要求介质通气性好，具适宜的水分和养分等，而限制根生长的条件包括通气性差、水分养分低或过高等。所以为了促进或限制根系生长，可采取相应的管理措施。

应该采用树盘覆盖技术。选择有机覆盖物覆盖根际（树盘覆盖技术）、采取地下渗灌法、适度施入肥料、有机堆肥等可改善根际环境，促进根系生长，树盘覆盖具有防止土表压实和结皮、减少蒸发、降低昼夜温差、控制杂草滋生等功效。如果不用有机覆盖物，土表硬实、土壤很干，会阻止根系正常生长。

根系生长的影响因素 （数据来源： 参考文献 [4] ）　　表 8-1

根系影响要素	要求范围	
	最小值	最大值
土壤氧含量（%）	4	21
土壤孔隙度（%）	15	60
土壤容重（g/cm^3）	—	1.4（黏土）、1.8（沙土）
土壤渗透力（kPa）	0.01	3000
土壤含水量（%）	12	40
根的萌发（土壤含氧量 %）	12	21

续表

根系影响要素	要求范围	
	最小值	最大值
根的生长（土壤含氧量 %）	5	21
根系吸收养分的累进损失（土壤含氧量 %）	10	21
根系生长的温度范围（℃）	4	34
土壤 pH 值（湿试法）	3.5	8.2

～～～～～～～～～～～～～～～～～

申城高架下最大立体绿化建成：

植物丰富多样，下雨时可吸收大量雨水慢慢滋润植物

城市，如果都能绿起来，自然是养眼、美好的。可是，上海寸土寸金，去哪里找更多的地方来种绿？高架桥下就有很大空间。然而，高架桥下缺阳光、少雨露、灰尘多，很不利于植物生长。怎么办？辰山植物园联合园艺企业和高校，跨界、跨学科合作，在虹梅南路高架下元江路段进行试验，找到了适合高架下种植的多种植物，开发了智能浇灌系统、新型种植容器，为在“恶劣环境”中进行立体绿化找到了出路。这段 1000 多平方米的立体绿化也成为申城高架下最大的立体绿化（图 8-1）。

图 8-1　虹梅南路高架下最大立体绿化墙
来源：辰山植物园

这些年，绿化部门为了让申城能拥有更多绿色，动了不少脑筋。比如，高架桥柱披上了爬山虎；高架道路两侧通过建花槽或摆容器，种上了植物；甚至部分高架下的地面上也有植物种植。不过，你有没有发现，高架植物，尤其是高架下地面的植物比较单一，常见的就是八角金盘。原因何在？那是因为高架下缺少阳光雨露，灰尘又大，很多植物在那种环境中长不好。

可是，据不完全统计，上海中心城区共有高架道路约 400km。如果平均按 20m 宽计算，高架道路占地约 800 万 m^2，占中心城区面积的 1.2%。假如能够统一优化一下这些下层空间，除了道路路面和必需的市政设施外全部转变为绿化面积，这些平面空间和竖向空间总和将不少于 800 万 m^2，至少将增加中心城区人均 0.8m^2 的绿化面积。

这么大的面积必须想办法利用起来

在上海市科学技术委员会的大力支持下，由辰山植物园牵头，承担了“城市低光照区域立体绿化技术集成”课题研究项目。项目以上海这种特大城市高架桥下立体绿化技术和空间利用为切入点，目标是实现立体绿化单次植物在墙体上生长周期不少于5年，快速高效地推进城市低光照区域立体绿化的发展。

如今，虹梅南路高架下元江路段一座立体绿化墙建成，总面积1012.6m²，绿化墙双面都进行了绿化，成为目前上海高架下最大的立体绿墙。

立体绿化墙的植物也不再单调。技术人员筛选出了多种彩叶植物（图8-2），包括线状日本花柏、花叶柊树、美丽野扇花、小叶蚊母树、金边胡颓子、金叶金钱蒲、蓝天使冬青、哈伯南天竹、多枝紫金牛等适合高架桥下的超强综合抗性植物品种。

图8-2　立体绿化墙的多种彩叶植物
来源：辰山植物园

下雨时可吸收大量雨水，天晴时缓慢释出

多彩的植物有了，支撑植物正常生长的土壤也很重要。可是，立体绿化考虑到承重安全问题，不能用太多泥土。于是，技术人员变废为宝，以工业、农业废弃物，丙烯酸、高岭土、城市绿化垃圾等为原料，进行合成、配制，研制出轻型介质土。

土壤问题解决了，高架下少雨水，浇水怎么办？技术人员又在轻型介质土里加入了吸水材料。下雨时可吸收大量的雨水，天气晴好时又可将吸收的雨水缓慢释出以补充植物的水分。如果是人工浇水，一次浇水即可吸收几十至上百倍的水量，这样一来，植物在养护过程中不必每天浇水，可减少浇灌的次数。

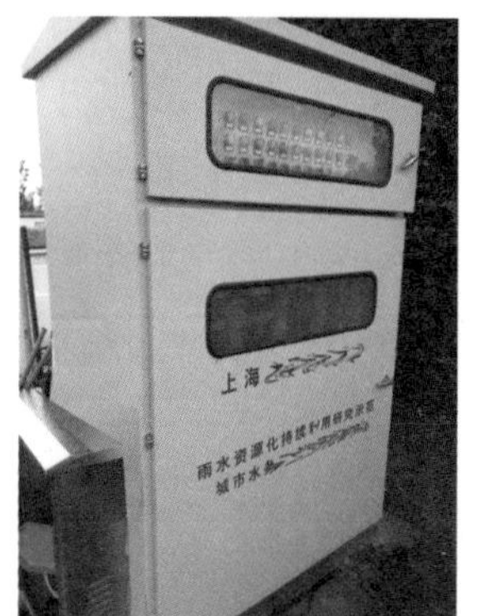

图8-3　雨水收集、处理和浇灌系统
来源：辰山植物园

最后，技术人员将轻型的种植容器、雨水净化利用设备、智能浇灌系统等各种设施整合在一起，成为一体化模块式立体绿化系统（图8-3）。

可以推广到学校、商场等各个场所

辰山植物园科研人员介绍，虹梅南路高架下元江路段的试验不仅使立体绿化植物单次更换周期大大延长，景观植物更加多样，而且就地取材，将城市中修剪下来的树木枝叶，通过微生物发酵、腐熟等技术手段处理，作为栽培养护基质。此外，将平时大量流失掉的高架桥自然雨水等资源利用起来，既从一定意义上分流了城市内涝的雨水，又将雨水蓄积起来供应绿化植物生长需要。

该项目还创新利用当下互联网时代数据资源和设备，有效创建利用智能传感器和检测点，整合分析数据信息，总结动态变化的内在规律，为管理部门提供便利、提高效率，从而支撑科学决策，推动粗放式、人工化评价走向定量化、智能化评价管理。

据悉，该项目的技术不仅适用于高架下，还可以应用于学校、商场等其他场所的立体绿化。

作者：郁文艳

2018-08-06

～ ～ ～ ～ ～ ～ ～ ～ ～ ～ ～ ～ ～ ～ ～ ～ ～

8.2 可持续维护的理论依据

8.2.1 盆景理论

城市特殊生境再造为植物创造了适宜生长的空间，但因空间小、立地差而制约着植物的持续生长。面对少而薄的介质，植物怎样实现持续生长？如果是一、二年生植物因为需要更换还没什么问题，可是面对花灌木和乔木呢？不过，也许可以从中华园艺文化的璀璨明珠——盆景中获得启示。盆景也是栽培的微型乔木和灌木，虽然容器非常小，栽培土非常少，但能够维持正常生长多年。模块式垂直绿化容器非常小，难以适应逐渐长大的盆栽植物，总让人担心植株过大而脱落。是不是可以借鉴盆景栽培技艺呢？即使栽培多年也生长很慢，维持相对稳定的植株体。这正是屋顶、墙体绿化所期望的效果。所以，我们应该把盆景理论应用于城市特殊生境绿化。

盆景已经在我国发展了大约七千年，传承至今，作品无数，积累了非常宝贵和成熟的技艺。盆景是浓缩的园林，巧于布局，以小见大。根据制作材料可分为树桩盆景、山水盆景、树石盆景和竹草盆景等。特别是树桩盆景以活的植物体表达强烈的艺术信息，通过一盆微型绿色植物就能产生诗情画意，具有丰富的意境，展现大自然之磅礴气势。在长期发展演变的过程中，盆景主要是与当地的环境气候、土壤条件、植物类群和文化风格相关联，融入了地域自然景观、植物多样性和文化特征，形成了各自不同的地域风格。盆景来自于大自然，再现了自然美，又超越了自然美，具有较强的艺术美。同时，这种艺术美的获得离不开技术的支持。

生命是树桩盆景的根本属性，稍有不慎会导致生命的凋萎，方寸之盆就能把一株老态龙钟的植物养活，还能按照一定的造型目的不断去枝断头，逐渐成形，实属不易。这必然蕴含着丰富的栽培理论和技术，可以说，盆景是技术与艺术的统一体，通过技术表达艺术。那么，从栽培角度解析盆景理论（主要指树桩盆景，即塑造和维持树桩盆景所蕴含和遵循的基本理论，形成盆景学的主要理论依据）主要体现在以下方面。

（1）根冠平衡理论。树桩盆景以奇、劲、古、雅为美，往往为了特定的造型需要通过剖干、剥皮、攀扎、雕琢等手段来控制植株的生长势、生长方向和形态结构。同时对根部采取断根处理，这就是遵循根冠平衡原理。为了保持根冠平衡，在对地上部分控制处理的同时也需要控制根部的生长速度，获得断根效应。而且，减少土肥水供应也是为了控制生长势。最终表现为植株生长慢、枝条细密、结构紧凑、节间短、叶片小、个体矮化等，符合艺术化要求。所以说根冠平衡理论应该是盆景理论的主要内容，是根冠相关性的核心。

Brouwer（1983）首次提出植物根冠功能平衡理论。很多的研究也证实植物地下与地上部分存在相互依存、相互制约、相互竞争的关系，实现动态平衡（柳妮莎，2016；Bingham，2010；Samejima，et al.，2004）。通常所说的“根深叶茂”就反映了根冠之间相互依存和协调的关系。根系吸收水分和矿物质输送到树冠各个部分，根系能合成许多促进枝条生长的物质，同时根系生命活动所需的营养物质和某些特殊物质，又主要由地上部分光合作用所供给，把冠层光合有机产物输送到根部（罗红霞，2015），所以二者具有极强的互补性。

当根系受到修剪或损伤时，需要对地上部分进行相应的修剪以保持合理的根冠比，使根系的吸收能力与树冠的蒸腾能力相匹配（王云尊，2009）。地上部分的整形修剪对树体的营养吸收、制造、消耗、运转、分配都有影响。修剪越多，生长量下降也越多（房翠平，2012）。一旦地上部分过度修剪，势必影响根系的生长发育。换而言之，根系生长受到抑制时，地上部分的生长也会受到阻碍。研究表明，在树冠修剪程度相同的条件下，根系的修剪程度越大，净光合速率（P_n）、潜在最大光化学效率（F_v/F_m）、气孔导度（G_s）、蒸腾速率（T_r）均呈降低趋势，单叶面积、单叶叶绿素含量、树高和胸径生长量也相应降低（姜栋栋，2017；Gilman，et al.，2006）。根基粗、根长、根数和根干物质量等根系性状与地上干物质量存在极显著的正相关关系（王小虎等，2016；蔡昆争等，2005）。

另外，地下部分与地上部分存在相互竞争的关系，当其中一个的功能发挥受到限制时，就转为互相竞争各自所需物质的关系。根冠之间依赖或是竞争由生长环境决定，当环境适宜时根冠表现为相互依赖关系，而逆境中则表现为相互抑制关系（陈晓远等，2005）。

根冠间除进行物质交换外，还发生信息流的交换，通过信息流实现根冠间的协调。比如干旱时根系会合成脱落酸等植物生长激素并传递给地上部分，从而调节冠层生理活动，采取缩小气孔开度等措施以降低蒸腾（王忠，2008）。同样，叶片的水分状况信号和叶片中合成的化学信号物质也可传递到根部，影响根的生理功能。地上部分发生的机械损伤、害虫取食等外部因素诱导产生信号物质和化学防御物质，传递到根系，从而改变地下防御物质的种类和含量，形成所谓的诱导防御反应，反之亦然，证明地上与地下存在诱导防御间的相互关系（冯远娇 等，2010）。实验发现茉莉酸和水杨酸是防御反应中的主要信号物质（陶荣荣 等，2018）。

果树、农作物生产上利用根冠平衡原理调节营养生长与生殖生长的关系，增强抗性（Ma，et al.，2013）。适度断根可抑制营养生长、促进生殖生长（姜栋栋，2017；James，1985），从而实现丰产、稳产、优质（赵艳华，1996；Samejima，et al.，2004）。城市里大树移植也必须遵循根冠平衡原则，以维持地下部分和地上部分的相对平衡，提高成活率（姜栋栋，2017；罗红霞，2015）。即使全冠树移植也需要轻度修剪根系和树冠，剪去内膛干死枝、交叉枝、并生枝，适当短截使树冠外形达到自然生长的状态，同时剪去根部病根、烂根、干枯根和土球外围冗余根等，以维持吸收量和蒸发量平衡。

（2）根冠正向相关性。研究表明，地下生物量的降低将导致地上生物量的下降，反之亦然。这种根冠的正向相互作用关系遵循根冠平衡原理。具体表现在：①小的根系产生小的树体，非常有限的容器空间和栽培介质将严格限制根系的生长，约束根系大小，进而影响到整个植株大小，并提高根冠比（Hassan，2017）；②根系修剪将抑制地上部分的生长，反之亦然，树冠的修剪会强烈影响到根系的生长（Benson，et al.，2019；Zhang，et al.，2017）；③剪根效应和容器效应共同作用的结果是根系变得瘦小，几乎没有主根。不仅使植物生长速度显著低于地面条件，而且节间缩短、叶片变小，导致植株矮化（彭春生和李淑萍，2018）。

（3）逆境提高根冠比。研究表明，适度干旱将显著提高盆栽植物的根冠比，如桑树、台湾栾树（冯大兰 等，2013；林武星 等，2014）。盐的胁迫和多效唑的使用也会提高合欢、刺槐、国槐等盆栽植物的根冠比（莫海波 等，2011）。根冠比的提升将有利于植物的存活。

（4）根冠再平衡。盆景制作通过绑缚、扎拉、剪截、雕刻等园艺方法，往往严重改变根系和枝干形态，导致根冠平衡被破坏。那么，要求通过地下、地上部分的合理修剪，适度控制根冠比，从而实现根冠的再平衡。这是实现盆景成活和可持续生长的关键。

（5）控制生长势。虽然五针松、罗汉松、圆柏、刺柏等松柏类，以及榔榆、雀梅藤、梅、火棘等阔叶乔灌木可选作盆景材料，但如果不加以控制，将会与受限的栽培容器产生严重矛盾，导致根冠比失衡，制约可持续生长。因此，应当合理控制盆景植物的生长势，按照中度生长势标准进行栽培养护，以维持持久稳定的盆景树。

8.2.2 精准营养补充理论

营养对树木非常重要，树木根系生长和与其有共生关系的微生物都离不开它。一旦营养物被安全捕获，树木就会不遗余力地贮藏营养。一方面，因气候变化植物进化出常绿叶和落叶；另一方面，树叶会根据土壤中的营养进而进化。虽然常绿叶和落叶都具有储存营养的功能，但表现出差异性。通常常绿叶的生长期超过一季，降低了对土壤养分的需求。在肥沃的土壤环境中，树木能经受起每年新叶的生长，也就意味着在严寒的冬季或夏季干旱期，常绿叶树木比落叶树消耗更少的营养。即使如此，营养贮存已成为普遍的生存方式。无论落叶树还是常绿树，总是试图在叶子脱落前尽可能地从单片树叶上汲取多的营养。这种复吸收能力可能因不同物种、地点和养分而有很大差异，但一般而言，大约 50% 的关键养分，如氮和磷，在树叶凋落前被重新吸收到树干。剩下的营养物被锁在叶片的细胞结构中，在树叶凋落腐烂后再次供给给树木，即人们常说的“叶落归根”。

落叶流失的养分其实并没有浪费，因为落叶腐烂后对土壤有机质有着至关重要的作用。这些物质通过有机物分解，释放养分来为树木提供服务，这些养分可以被重复使用。树木、土壤、大气构成营养循环系统，包括营养的输入和输出（图 8-4）。正确理解这些因素是非常必要的，为构建个体健康的生态系统，树木的可持续生长是非常必要的。在城市条件下由于人的严重干扰和破坏，阻断营养自循环，所以营养补充往往成为不可或缺的环节。但并非所有的营养物质都会重归树中，约 90% 的养分来自有机物质的循环，仅有约 10% 的养分来自大气沉积或母基岩

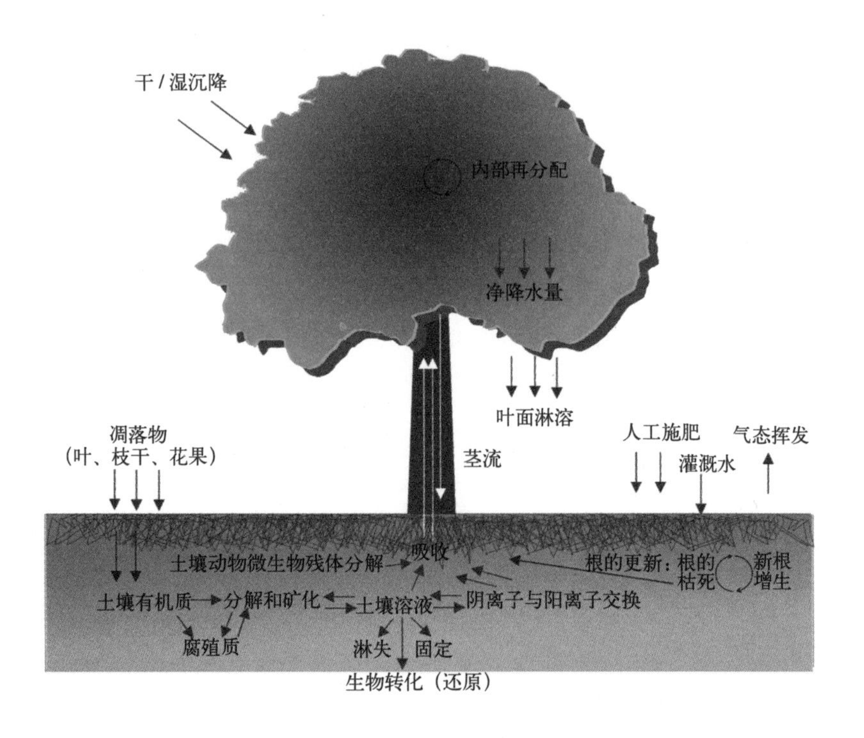

图 8-4　树木营养循环图

的风化。因此，养分循环对于树木和森林的健康至关重要。

从本质上讲，脱落的叶子、根系凋落物和树木的其他部分对土壤有机质都有贡献。各种微生物，在软体动物的帮助下，分解这种有机物，并释放养分，被植物重新吸收。这些养分多数与土壤胶体发生阳(阴)离子交换作用,有的可能被固定，有的可能被浸入根部，还有一些在挥发过程中可能会以气体的形式释放回空气中。养分被菌根真菌和细根从土壤溶液中吸收，并输送到树的各个部位。虽然会有一些养分从土壤中流失就像树叶碎片被风吹走一样，但土壤下面的岩石，尤其是雨水和灰尘带来的养分（干、湿沉积物）能弥补这一损失。这是一种自我维持的系统。

自然森林形成的自循环系统是树木可持续生长的重要条件。大量凋落物回归土壤从而被根系再利用。与凋落物的潜在营养量相比，温带落叶林年养分摄取率较低：每公顷枯落物层可提供 362kg 氮，而每年每公顷树木需氮 75kg。树木生长所需最重要的养分年摄取率低于其凋落物所含养分的平均值。再加上大部分养分是通过循环利用来提供给树木的，由此表明落叶是树木养分的重要来源。在寒冷的北部地区，树叶分解腐烂的速度要慢得多，这也可能成为阻碍树木生长的瓶颈，因为大部分养分被土壤的有机质占据。在温带地区，落叶垃圾能及时充分被分解，足够供应树木的年养分需求量。可见，凋落物对森林自循环系统的重要性。

这些相对简单的分析可帮助我们在花园、公园和街道的管理上做出正确的决策。遵从自然规律，温带的树木生态系统能够在营养需求上自给自足。然而，大量的城市公园为了所谓整洁卫生,不断清理落叶“垃圾”,把修剪的枝叶带走,显然，去除“垃圾”会对树木长期提供养分产生严重后果。坚硬的表面阻止养分返回土壤或是移除落叶等对正常再循环过程的破坏，将大幅度降低养分的再循环。树木每年都会持续产生生物量，但是养分供应却在不断减少。为此，在我们日常的景观管理过程中寻找机会来模拟森林条件是至关重要的。

精准营养补充是基于地块内的土壤养分变异，实行有针对性和差异化的高效施肥，即通过土地营养精确诊断、植物需肥特点以及合理的施肥方式，实现最大限度肥料利用效率，减少浪费和环境污染。施肥的具体种类、数量、时机、方法方式和功效评估都是精准营养补充重点关注的内容。精准营养补充的重要理论依据包括养分归还学说、最小养分率、肥效递减率等。

植物、土壤、养分三者之间存在复杂的响应关系，不同植物和植物不同生长阶段的需肥特点不同，不同土壤的肥力特点不同，而且不同地理条件下土壤肥力存在差异，不同季节植物对养分需求不同。植物存在营养临界期、最大效率期，表现为养分需求的多样性和特殊性。另外，养分元素之间有大量元素和微量元素之分，体现了土壤与植物需求量的分异，同时又受到养分不可替代性原理的约束，反映了微量元素的不可或缺性。现代 GIS 技术、大数据、人工智能和计算机技术已经应用于现代农业，实现田间管理自动化，推进精准营养补充。这是实现可持续农业的重要手段。

城市特殊生境绿化不同于一般的大田农业模式，表现在介质的人工化和有限性、与大地的割裂性、植物栽培的目的性（观赏性为主，往往不以获得农产品为目标）、设施空间的局限性（对植株个体严格限制），所以对精准营养补充提出了更高和更加迫切的要求。

特殊生境绿化施肥具有一定的两面性，涉及可持续绿化的敏感问题。一方面，由于介质容积和肥力有限，往往需要补充外源肥力才能维持植物的持续生长，反映了施肥的必要性；另一方面，施肥，特别是化肥，容易随雨水、灌溉水沥出而造成径流水污染，给环境保护增添新的压力（表 8-2）。所以，应实现平衡施肥，在肥力形式和施肥方式上选择科学合理的技术。

施用材料对树木、土壤和环境的影响（数据来源：参考文献 [10]）　　表 8-2

处理	树木	土壤	环境
生物淤泥	++	++	0/–
生物炭	+	+/–	+
堆肥	+	+	+
木屑	+	+	+
NPK 化肥	+/0	+/0/–	–

注：++ 强的正效应；+ 正效应；0 无效应；– 负效应。
数据来源：Samejima et al.，2004

在进行肥水管理时应当遵循中度生长势策略。这是针对生境特殊性而需要采取的特殊养管策略，不以追求最佳生长势为目的，而是按照肥水适度从紧的原则控制植物的生长速度，合理设计营养补充数量，防止因营养充足而导致的生长过旺。这是为了维持持久稳定的植株个体而提出的特殊要求。实现中度生长势应当从慢生植物选择、控制肥效释放、水分适度偏紧、平衡修剪、化学调控等方面综合考虑（Wang，et al.，2017；王红兵 等，2017），还应当允许轻度的病虫害，及时控制修剪，维持合理的根冠比。中度生长势策略将补充和丰富城市特殊生境绿化条件下的植物栽培养护理念，为实现节约、可持续的栽培养护模式，延长绿化生命周期提供指导。

8.3 持续维护的技术

8.3.1 节水灌溉技术

城市特殊生境条件下重建的生境由于割裂了与大地土壤的联系，雨水随地表径流排到河道或地下管网，使得介质自身蓄存水分非常有限，土壤水分难以得到有效补充。而且非常有限的地下空间，加剧了自身水分的短缺，无法实现持续供应，因此需要外界不断地补充水分。

什么时间需要水？这需要科学判断，可借助于仪器设备的检测。目前仍是简单分析土壤含水量，使用土壤水分传感器快捷简便，甚至联网实现中央控制室智能管控，通过土壤含水量动态判断灌溉时间和灌溉量。不过，还应该考虑植物的需水特性和植物水分胁迫程度，作为精准灌溉的可靠依据。根据植物树液的变化，今后宜用树液流动仪来检测，是基于植物生理特性指标的水分胁迫检测方法，判断其需水量。或者根据红外图像和可见光图像获得图像融合信息，结合土壤水分含量信息获得植物水分胁迫状态信息。这种基于高通量红外热图像处理的植物水分胁迫监测方法，能够精确获得植物冠层温度区域，实现对植物灌溉时机的准确判断，并防止植物受损。

为了节约水资源，提倡采用节水灌溉方式，如滴灌、渗灌、微喷等。除了增加初始成本外，还具节省人工、节水、节约水费、降低板结、降低蒸腾散失、减少径流水流失、减少冲刷和介质流失变形、介质吸水均匀、保水期延长等优点。

注意保护喷头，防止堵塞。特别是滴灌的滴头容易堵塞。要保证灌溉水质量，特别是利用雨水池、水池水源时要采取过滤、沉淀等措施，防止杂质进入毛管而堵塞滴头，也要时常检查滴头出水情况，防止其他因素导致的堵塞。不过，虹吸灌溉技术克服了滴管头容易堵塞的问题，利用棉芯或高吸水性纤维把下面蓄存的水传输到植物根部，起到灌溉的作用。浸润虹吸是利用吸水棉或棉芯把种植箱下部蓄水层中的水（可利用灌溉管网补充水分）吸到上部种植层（可用分体式种植容器，自由组装更换），避免了种植土表层板结的问题，实现节水灌溉。

应掌握合适的灌溉时机和灌溉量。一般，无论哪种特殊生境绿化方式在栽种初期补充水分都是必要的，而且往往需要浇透。特别是移植苗，这道水不仅起到补充水分、实现水分平衡的作用，而且可使根系与周围土壤很好地接触，促进土壤沉实，防止露根和透风。粗放式屋顶花园在建成的 1~2 个生长季需要继续辅助灌溉，之后一般不再需要了。灌溉量因介质组成、厚度和植物耐旱性而定，应该把耐旱性强的配置在一起，需水量大的放置在一起，以便采取差别化的供水管理措施，区别控制灌溉时间和灌溉强度。另外，有的大树移植还需要在生长期设置喷雾措施，对树冠喷雾，以减少蒸腾及其带来的根冠失衡。

城市行道树由于紧邻机动车道，交通流量大，容易遭受不同程度的污染物，比如工业“三废”、重金属、汽车尾气和泄漏的汽油、机油等，以及冬季融雪用的工业盐的渗入。融雪盐在很多温带城市普遍使用，钠离子的富集会改变土壤的渗透性，阻止植物吸收水分。严重的会造成土壤盐碱化，并对植物组织造成伤害。所以要采取措施，减少因降水导致污染物渗入根际。一方面可适度抬高树盘，防止周围污水流入；另一方面混拌工业盐的积雪不能堆放在树盘。再者，对雨水的收集利用应先排除初期降水，再行收集，从而在很大程度上减少污染物进入雨水池。另外，推广透水性铺装，即人行道、广场采用可透水的铺装材料，使雨水渗透到下面的土壤里，改善根系的水环境，可在一定程度上降低城市用水压力。这也是可持续绿化的要求。

在城市里还会遇到土壤下面是曾经的废弃道路、硬质铺装等不透水表面的情况。尽管覆盖的土壤质地好、理化性质好、透水性良好，但是下面的不透水层严重阻碍排水，容易积水，也阻挡根系向下生长，严重制约树木的后期生长，导致树势衰落甚至枯死。这种情况要区别对待，一方面可视作屋顶绿化，根据土层厚度和质地配置合适的植物，宜草则草，宜乔则乔；另一方面，可根据造景需要，在需要布置乔木的地方加大土层厚度。再者，可利用土层横向连接性促使根系横向延伸，也是可配置乔灌木的。最后，翻开土层，打开不透水层，打通表土层与地下土层的连通，改善土层结构。

8.3.2 平衡修剪技术

平衡修剪具有多个好处。在农业生产上平衡修剪在果树上具有丰富的内涵，包括冠形平衡、枝势平衡、全园整体平衡和根、冠生长平衡，以维持树冠、枝条、根冠、植株之间的生长均衡，使水分和养分分配均匀，获得高产和稳产的目的（王云尊，2009）。城市特殊生境绿化需要控制植物的生长势、生长速度和生长量，平衡修剪可起到积极有效的控制作用。尽管修剪不慎会增加生理胁迫、造成木质部功能损伤、减少叶面积和茎叶生物量等问题（图 8-5），但在城市化逆境条件下修剪的好处很多，比如通过清理病枯枝，提高整洁性和安全性；防止和减少风折等外因对植物的伤害，促进健康生长；促进植物地上与地下的平衡，防止和减少风倒；增强植株的结构和株型合理性，延长寿命；合理整形，促进树势平衡，实现生长与繁殖的平衡；提高观赏性。无论屋顶花园、垂直绿化还是行道树绿化、移动式绿化，往往为了维持一定的植物景观和树木造型而需要修剪。适时适度的修剪不仅可防止植物疯长、树形紊乱，还可通过控制其高度和冠幅，防止植物体过大对建筑带来荷载压力，以及根冠比的失衡，还防止植物体过高造成风倒的危险。屋顶花园树木的及时修剪非常必要，非常薄的介质不能支持过大的树体，需要不断修剪以维持合理的树体大小。各种盆景造型树、模纹花坛和各种绿篱更不必说，要求严格执行修剪规程。一方面如果垂直绿化藤本植物超出控制范围或覆盖窗户而影响采光，就需要及时修剪；另一方面拼装式绿化植物会因植株过大而脱落，因而需要控制植株大小。所以说，平衡修剪是特殊生境绿化的必要技术，适用于屋顶花园、垂直绿化、容器绿化和行道树绿化多种特殊生境绿化，借此实现地上与地下的平衡，以利于植物的持续生长。

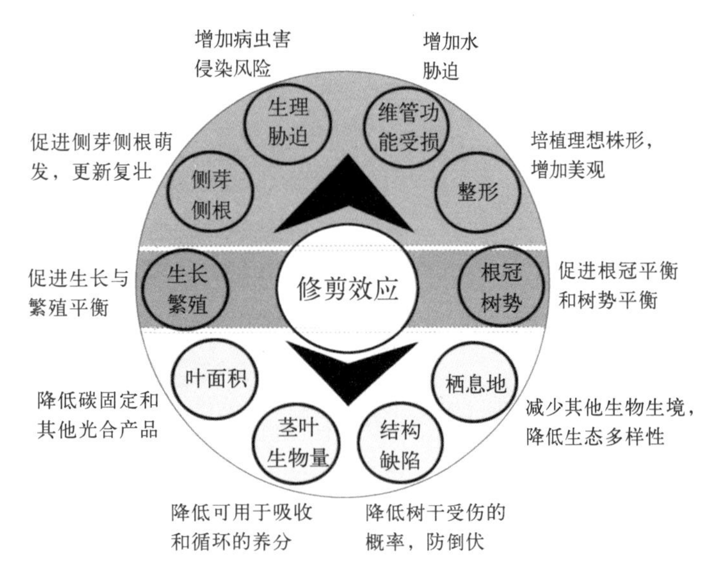

图 8-5 修剪效应图

城市里存在大量的特殊生境空间，根系生长空间受到抑制，需要应用根冠平衡理论，通过根冠平衡修剪实现受限根系条件下根冠再平衡。为了控制地上营养生长，可采用根域限制技术，即把根系限制在一定的介质空间中，控制根系体积和数量、改变根系分布与结构、优化根系功能，进而调节植株生长发育（王世平 等，2002；Williamson，1992）。通过限根栽培实现限制地上部分生长量（牛茹萱 等，2017）。平衡修剪在根系受限的特殊生境空间条件下是非常必要的，第一，无论立体绿化中的容器栽培还是行道树树池栽培，可供根系伸展的空间非常狭小，往往在短时间内根系就充斥介质空间，甚至出现盘根现象，所以需要及时修剪控制根系结构、根长、根径和根的数量等，以拓展根系再生长空间，延长绿化寿命周期。第二，一些特殊绿化形式如模块式垂直绿化对地上部分大小有严格限制。太大的冠层不仅影响整体景观效果，而且容易导致植株失衡而脱落，所以必须及时合理修剪，利用根冠平衡原理，结合化学手段，以控制植株体大小，尽可能地维持稳定而持久的植株体。第三，根据介质空间大小进行根系设计，包括根系结构和大小——根据最适植株大小结合根冠比确定合适的根系大小范围，通过修剪和化学药物实现对根系大小的控制；通过短截主根、促发侧根，以适应屋顶、城市道路等土层很薄的立地条件。

修剪是行道树养护工作的重要内容。行道树的修剪能很好地提高树木抗台风能力，特别是处于风口和易倒伏路段的行道树应做好修剪疏枝。以上海为例，已经形成了自身的行道树修剪体系，其中最具特色的是悬铃木“开心”形修剪。考虑到道路架空线多、果毛影响以及台风的影响，上海探索形成了“开心”形修剪，呈“心高脚杯”形，标准形态是“三主六叉十二枝”，逐步逐层培养形成。既可以解决架空线的问题，又可以降低树木重心，提高防台风的能力，还能大大减少果毛污染。

8.3.3 精准施肥技术

在城市特殊生境条件下，由于割裂了与自然土壤的一体化，介质空间及其营养非常有限，无法满足植物的持续生长所需。而且现有的城市绿地管理模式使得大部分的凋落物不能返回地下生长空间，进一步加剧了介质养分的短缺，无法实现自我供应，只能依赖外界补充。

向自然学习，模拟自然界营养循环规律，促进营养物质的自然循环是确保树木获得持续营养的最佳途径之一。如果可能的话，应该允许落叶在树根表面积累和腐烂分解。显然，在公园和花园比在有其他因素影响管理决策的城市环境中更容易实现这一点。由于美观或安全原因不能留下树叶的，最好收集树木垃圾，用某种有机覆盖物来代替它。同样可以实现养分的循环利用，为健康的、具有生物活性的土壤提供原料，为树木健康生长提供养料。如果正确地将覆盖物覆盖在树的根板上 5~10cm 的深度（不掩埋树干），可以产生许多有益的影响，而不会对土壤和大气之间的气体交换产生不利影响。需要注意的是，纯木屑的覆盖在短期内会减少树木可利用的氮含量，而草本植物等有机覆盖物可有助于减少树木对养分的竞争。在大多数情况下，如果树叶凋落物在树下或被覆盖护根所取代，那么土壤就适合细根发育（如透气、潮湿、不压实），营养充足。

在某些情况下，施肥的确是一种有效的管理策略。一旦发现营养问题，施肥往往是快速高效的方法。施肥前提是要对土壤压实等因素进行分类，否则施肥可能无效。由于每种营养元素都有其适宜的 pH 值范围，不适宜的 pH 值条件会降低其有效性和可利用性（图 8-6），所以要确保土壤的 pH 值不会影响营养物的有效性。要不然，添加化肥不会从根本上解决任何问题。

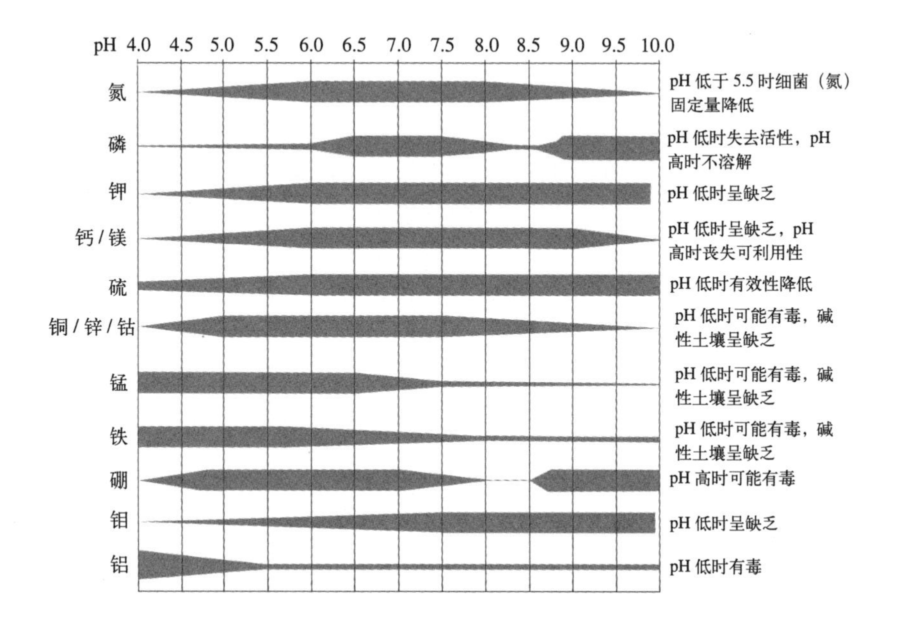

图 8-6 土壤养分有效性与 pH 值的关系图
来源：Cox，2011

当然，施肥是为了解决某种特定的问题。因地而异：肥料可以通过灌溉系统（滴灌、液态施肥），注入土壤（作为液体或颗粒）或干茎等。散落在根部的颗粒状肥料在某些情况下效果很好。注入土壤中的液体肥料可以发挥更好的效果，特别是在公园和花园等软性景观中。这种方法将可溶性肥料送得更深，能把营养输送到树的根区，并在某种程度上限制了其他植物根的截留（取决于它们的深度）。

精准营养补充的内涵包括施什么肥、施多少、什么时间施、怎么施的问题。应该考虑城市环境的敏感性，选择缓效性有机肥为主，降低对城市径流水的污染；应该采取分批少量施用原则，防止集中施用造成的沥出物污染；应选择降水的间隔期施用，防止施后暴雨造成的径流水污染；可辅助叶面施肥等根外追肥方式，降低介质养分累积压力。最后，应以中度生长势为管理目标，选择合理的用肥量和缓效性肥力释放方式。

精准施肥应根据土壤肥力状况和植物需求特点，制定合理的养分配方，实现配方施肥，有针对性地满足植物生长发育所需。这不仅适合农业生产，在城市绿地管理中同样需要。因为城市作为人口密集居住、工作、生活的空间，对水体、土地和空气安全有着更为迫切的要求，不能因绿地施肥增加水、土、空气污染，所以精准施肥更为重要。一方面，在绿化之初应进行土壤养分检测，根据养分盈亏状况制定施肥策略；另一方面，应遵循养分归还学说，实时掌握植物地上活生物量及其养分含量，以及枯枝落叶的量及其养分含量，按照丢失养分的种类和数量补充添加，实现养分的再平衡。这也是实现可持续绿化的基本要求和有效途径。

施肥的时机至关重要。根系活跃时应施高可溶性肥料，否则养分可能在需要时渗出根外。缓慢释放的肥料将降低过度渗出的可能性，并且在某些情况下是优选。也最好避免在生长季节后期施肥，因为这会引发新的生长，然后容易受到寒冷的伤害。

茎注射可以提供非常精确的营养，显然对非目标植物没有影响。在其他应用方法无法实现的硬环境中，这是一个很好的选择。茎注射常常受到批评，因为这种方法会对树造成伤害，但是针对某些具体问题并且已经排除了其他可实施的方法，那么茎注射被认为是一个完全合理的选择。要确保肥料的正确输送，将养分分布到树冠周围。

屋顶花园和拼装式垂直绿化往往采用无土栽培介质，配置了较多的有机质，为植物慢速生长提供了可持续的养分，后期一般不应补充速效性肥料，但是在一些情况下需要补充养分。一是随着有机质的大量消耗，栽培介质发生塌陷或变形，这时需要在秋冬季补充有机肥。二是不同植物存在养分的需求差异，如观叶植物需要更多的氮肥、观花植物需要更多的磷钾肥；有的植物还存在对微量元素的特殊需求，如十字花科植物甘蓝、油菜等对硼特别敏感，所以应针对具体养分需求制定配方施肥。三是同一植物的不同生长发育阶段对养分需求存在差异。营养生长期对氮肥需求多，而开花结实阶段对磷钾肥需求多。化肥的施用方式一般结合灌溉混施，一定要注意控制量，可采取少量多次的策略，以避免肥害，并减少肥料的流失性污染。

行道树和移动式绿化应结合土壤改良来改善根际养分条件。对新植的树木不必施肥。如果土壤贫瘠，可以采用覆盖有机物和外围施肥，更多的时候应在春秋补充有机肥。把有机质、生物炭或泥炭覆盖或施入树池，进行翻土通气或埋置通气管，起到改善土壤质地结构的作用。

8.3.4 病虫害绿色防控技术

有害生物防控工作是实现城市特殊生境绿化良好景观的重要基础。城市生态系统由于人流大、生态要素流动频繁、涉外交往多，为病虫害的防控增加了难度。不仅增加了外来种入侵的风险，一定要加强疫情监控工作；而且由于人口密度大，对防治方式提出了更高的要求，以减少对人的干扰。强调安全第一原则，可采取一些物理、生态防治方法以及高效低毒的化学药物进行综合防治。

城市特殊生境的病虫害防治应贯彻以下原则：

（1）加强病虫害疫情监控，以人为本，预防为主，综合治理。

（2）采取以生态、物理防治为主，化学防治为辅的综合防治，体现安全、经济、有效。

（3）防治的目的不是为了消灭，而是控制。在不影响植物景观的条件下适度提高防治门槛，允许轻微度病虫害发生，为食虫等鸟类等动物留有食物。

（4）防止树势衰弱，加强复壮措施，从根本上增强植物的抗病虫能力。

（5）提高物种多样性，降低单一物种的病虫害爆发风险，利用物种之间相互制约和拮抗原理，共同降低病虫危害。

植物病虫害疫情监控是病虫害防治的基础性工作和重要环节，应该加强规划和建设实施。以上海为例，为了做好有害生物的监测，共布置了有害生物监测点165个，其中绿化75个、林业90个。如通过布置自动虫情测报灯，进行虫情监控。不过，虫情不仅包括害虫，还包括益虫。

在上海，有害生物的防控已经从化学药剂防控向绿色防控转变，从个体防控向综合防控转变，从被动防控向主动防控转变。一是发挥绿地自身的调控功能；二是采用物理防治，如物理诱杀技术、信息素诱捕技术等；三是采用天敌防控，如花绒寄甲、周氏啮小蜂等；四是无公害药剂等。近几年，在总结上海20多年无公害防控工作的基础上，首次推出有害生物无公害综合防控示范区建设，加快个体病虫害被动防控向系统主动管理转变，实施化学药剂减量化，加强绿色防控技术体系研究。

结语

针对特殊生境绿化的特殊性，提出可持续绿化的概念，需要从植物选择和修剪、介质配方和管理、水分和养分缓释性等方面采取相应的栽培和管理技术。可持续维护的理论依据包括盆景理论和精准营养补充理论，并依此提出节水灌溉技术、平衡修剪技术、精准施肥技术和病虫害绿色防控技术。新形势下随着物联网技术的不断发展，利用大数据和人工智能将可以更加高效地实现可持续的栽培养护管理。首先收集介质不同干旱状态的数据、植物遭受病虫害不同程度的数据建立数据库，然后利用不同种类的探头或传感器，以掌握实时的植物状况，最后提供灌溉、病虫害防治等管理决策。基于智能化技术条件的管理模式将成为实现持续维护的有力手段。

参考文献

[1] Benson A R, Koeser A K , Morgenroth J . A test of tree protection zones：Responses of Quercus virginiana Mill trees to root severance treatments[J]. Urban Forestry & Urban Greening, 2019, 38：54-63.

[2] Bingham I J. Soil-root-canopy interactions [J]. Annals of Applied Biology, 2010, 138（2）：243-251.

[3] Brouwer I J. Soil-roo equilibrium：sense or nonsense? [root/shoot ratio][J].Netherlands Journal of Agricultural Science, 1983, 31（4）：335-348.

[4] Coder K D. Soil compaction stress and trees：Symptoms, measures, treatments[M]. Warnell School Outreach Monograph, WSFNR07-9,2007.

[5] Cox S. Urban trees[M]. UK：The Crowood Press, 2011.

[6] Gilman E F, Anderson P J, Harchick C. Pruning lower branches of live oak（Quercus virginiana Mill.）cultivars and seedlings during nursery production：balancing growth and efficiency[J]. Journal of Environmental Horticulture, 2006, 24：201-206.

[7] Hassan S. The effect of roots confinement on the relative growth of roots and canopy of Opuntia ficus-indica[D]. Palermo：University of Palermo,2017.

[8] Hirons A D, Thomas P A. Applied tree biology[M]. Wiley Blackwell, 2018.

[9] Ma S C, Li F M, Yang S J，et al. Root-shoot interacraulic root-sourced signal, drought tolerance and water use efficiency of winterwheat[J]. Journal of Integrative Agriculture,2013,12（6）：989-998.

[10] Samejima H, Kondo M, Ito O, et al. Root-shoot interaction as a limiting factor of biomass productivity in new tropical rice lines[J]. Soil Science & Plant Nutrition, 2004, 50（4）：545-554.

[11] Scharenbroch. Soil management for urban trees[C]// 2016 城市树木栽培和养护管理国

际研讨会，2016.
[12] Wang H B, Qin J, Hu Y H. Are green roofs a source or sink of runoff pollutants? [J]. Ecological Engineering, 2017,107：65-70.
[13] Williamson J, Conston D, Cornell J. Root restriction affects shoot development of peach in a high- density orchard[J]. Journal of the American Society for Horticultural Science，1992，117（3）：362-367.
[14] Zhang J, Liu J, Zhang Z, et al. Rejuvenating older apple trees by root pruning combined with *Arbuscular mycorrhizal* fungi. Hortorum Cultus, 2017,16（3）：27-35.
[15] 蔡昆争，骆世明，段舜山．水稻群体根系特征与地上部生长发育和产量的关系 [J]. 华南农业大学学报，2005，26（2）：1-4.
[16] 陈晓远，高志红，罗远培．植物根冠关系 [J]. 植物生理学通讯，2005（5）：6-13.
[17] 房翠平．园林绿化树木的整形和修剪 [J]. 中国林业，2012（2）：40.
[18] 冯大兰，黄小辉，向仲怀，等．桑树在模拟三峡库区消落带干旱条件下的生长状况及土壤氮磷元素的变化 [J]. 蚕业科学，2013（5）：862-867.
[19] 冯远娇，王建武，骆世明．植物地上部与地下部的诱导防御反应研究综述 [J]. 生态科学，2010，29（3）：292-297.
[20] 姜栋栋．白桦移植中根冠平衡修剪技术研究 [D]. 沈阳：沈阳农业大学，2017.
[21] 林武星，黄雍容，朱炜，等．干旱胁迫对台湾栾树幼苗生长和生理生化指标的影响 [J]. 中国水土保持科学，2014，12（5）：52-56.
[22] 柳妮莎．应用平衡理论解决园林植物生长不良问题 [J]. 林业科技通讯，2016（11）：39-43.
[23] 罗红霞．延安市黄陵县古柏迁地保护移植关键技术的研究 [D]. 临安：浙江农林大学，2015.
[24] 莫海波，殷云龙，芦治国，等．NaCl 胁迫对 4 种豆科树种幼苗生长和 K^+、Na^+ 含量的影响 [J]. 应用生态学报，2011，22（5）：1155-1161.
[25] 牛茹萱，王晨冰，赵秀梅，等．非耕地日光温室油桃根域限制对冠层特征及果实品质的影响 [J]. 果树学报，2017（1）：26-32.
[26] 彭春生，李淑萍．盆景学 [M]. 第 4 版．北京：中国林业出版社，2018.
[27] 陶荣荣，蔡晗，朱庆权，等．水稻高产高效的根 - 冠互作机制研究进展 [J]. 中国农学通报，2018，34（5）：1-4.
[28] 王红兵，谷世松，秦俊，等．基于多因素的屋顶绿化蓄截雨水效果可比性研究进展 [J]. 中国园林，2017（9）：124-128.
[29] 王世平，张才喜，罗菊花，等．果树根域限制栽培研究进展 [J]. 果树学报，2002，19（5）：298-301.
[30] 王小虎，方云霞，张栋，等．水稻根基粗适宜取样量及其与抗倒伏性状的相关分析 [J]. 江苏农业科学，2016（5）：85-89.
[31] 王云尊．盛果期板栗和日本栗的平衡修剪技术 [J]. 落叶果树，2009，41（4）：40-42.
[32] 王忠．植物生理学 [M]. 北京：中国农业出版社，2008：447-448.
[33] 赵艳华．龙冠苹果一年生枝修剪反应规律 [J]. 北方园艺，1996，107（2）：1- 2.

09

第9章

总结与展望

9.1 总结

在我国快速城市化进程中，城市化的不断蔓延带来了一系列的城市环境问题，特别是大量的不透水表面导致人均绿量低下、地表径流增加、过量雨水被强排入河道、地下水缺失、水质恶化、空气质量下降等，威胁着人类的健康，已严重制约城市的可持续发展。可以说，城市环境难题是快速城市化造成的。而且气候变化带来的极端天气灾害日益频繁和加剧，城市内涝尤为突出，为此国家提出了建设海绵城市的策略。面对损坏了的城市生态系统，亟待加强城市生态修复，利用改良或重建城市生境提高绿化规模和质量，改善城市生态环境。尽管城市环境难题涉及政策、社会、经济和发展因素，解决难度大，但为了人类福祉、建设美丽家园和韧弹性城市的目标，我们必须从理论和技术上夯实特殊生境绿化的理论和技术基础。因此，著者结合多年来的研究成果，结合国内外相关研究进展，制定了出版"城市生态修复中的园艺技术系列"图书计划。先后出版了《移动式绿化技术》《屋顶花园与绿化技术》《建筑立面绿化技术》《行道树与广场绿化技术》，在每一部分均系统分析了不同生境的特殊性、生境再造、适生植物资源筛选、营造和可持续维护技术，论证了生态、社会和经济效益。

国内外同行在这些方面的研究中取得了诸多进展，解决了关键问题。著者团队在屋顶绿化、垂直绿化、移动式绿化和行道树绿化诸方面做了大量的探索工作，取得了一系列成果。本套丛书所涉及的成果，主要体现在以下方面。

（1）城市再造自然的重要性。结合实验系统论证了每类特殊生境绿化所具有的生态、景观、社会、经济等功能。尤其是围绕生态功能开展了大量的实验，介绍了降温增湿、节能减排、降低污染和噪声等功能，特别是近年来围绕雨水收集和利用开展了大量研究，论证了截蓄雨水、降低暴雨径流、改善水质的功能，介绍了不同植物、介质、屋顶等条件下的对雨水截留、降低径流方面量化功效。另外，在改善城市热岛效应方面也做了很多研究，利用实测和气象数据，介绍了特殊生境绿化技术对减缓热岛效应的量化价值。

（2）生境重建。表现为时空上的特殊性，一方面，在时间维度上从初始填充介质物理性状具适中的孔隙度和容重，到根系稳定后的营养合理补充，再到后期地下高微生物活性的维持，体现功能的可持续性；另一方面，在空间上不改变原有的不透水表面基础，只是为植物营建了一个空间非常有限的临时性生境，既保证原有的荷载条件，又给植物提供生长空间，还可以临时蓄积雨水，可谓一举多得。在有限空间条件下，生境首先要满足根系呼吸的需求，这样的介质要求是既透气又能保水。针对屋顶荷载局限性，进行轻型介质配方实验，结合有机废弃物再利用，实现保水保肥性、缓释性等，获得一些相关的发明专利，可服务于屋顶花园、垂直绿化、移动式绿化等。

（3）适生植物的筛选。分别针对屋顶花园、垂直绿化、行道树绿化等进行了适生植物的筛选实验，提出了适合一定地区风、土环境的植物资源，为特殊生境的植物多样性奠定基础。适生种的选择必须通过抗逆性实验，比如通过抗旱性、耐寒性实验选择了一批适合屋顶生境的景天类植物，以及耐热性、耐污染等实验。有的还进行了抗污染植物的筛选，比较不同植物种降解重金属、降低沥出污染物的能力。另外，还培育了更多具有适应城市特殊生境和具有高观赏性的植物新品种，如‘狭叶’垂盆草等景天类的多个品种。必须指出的是，筛选只是提供适生种的第一步，一个植物种的适生性还需要多年的培育检验，特别是极端气候的考验。其中木本植物需要的周期更长，只有经过严格的试种过程才能确定是否适生。

（4）建筑－绿化一体化和可持续维护技术。近年来围绕几种特殊生境绿化开展了营造技术的研发，取得了一些新技术、新材料、新方法和新工艺，如：屋顶花园防水材料、阻根材料、隔热材料、过滤材料、蓄水材料、排水材料等，以及它们的复合结构体，如防水－阻根复合材料、蓄排水结构一体化等；垂直绿化模块拼装式技术、植生毯系统、智能灌溉系统；大树移植技术，以及保水剂、缓释性材料、EM 菌根等。另外，还有用于修剪、除草、防止病虫害的设备、设施等。

总体上，针对被人类破坏了的城市环境，人类责无旁贷，需发挥主创精神，采用工程化手段修复和重建被破坏了的生境，形成可持续的绿化体系。城市特殊生境绿化技术是通过工程化手段实现韧弹性城市的核心策略。本书所提出的系列新理念、新产品（品种）、新技术（方法）既是对著者团队多年来研究成果的集大成，也是对国内外本领域研究进展的系统总结，将成为新形势下实现城市生态修复、环境改善和韧弹性城市目标的重要理论和技术支撑体系。

理念上，第一，分析了中国城市化的特殊性（本书 1.2 节），相对于美日发达国家的城市，中国的大城市更加需要发展特殊生境绿化，即在不透水下垫面实现生境再造。这一论断对当前和今后我国城市绿化的发展重点规划是非常重要的。要求在借鉴西方先进绿化经验的时候认清楚自身特殊性，说明城市特殊生境绿化的特殊意义。第二，先后提出了城市再造自然（本书 1.4 节）、城市特殊生境（本书 2.1 节）和特殊生境绿化（本书 2.2 节）的概念，体现了对城市生态修复理念认识的层层深入，从生境的破坏、自然的缺失到恢复自然的认知；为了恢复自然，就需要为生物营建新的生境，最后到绿化目标的实现。通过对再造自然的必要性和可行性分析，诠释了对大量的不透水表面进行生境再造和绿化的特别重大意义。第三，构建了屋顶花园系统保水原理概念模型（本书 4.3.1 节），明确输入输出过程和因素，并根据各因素在截蓄雨水过程中的作用方式提出径流量公式，为实现屋顶花园系统截蓄雨水最终功效和对径流水的贡献定量化评判提供了新的思路和方法。第四，建立屋顶花园致径流水污染物循环概念模型（本书 1.4.4 节），包括污染物来源因素和沥出因素，为评判一个屋顶花园最终是径流污染物的“源”还是“汇”提供了决策思路。第五，提出了筛选植物的六条策略（本书 5.2.2 节），向自然学习，把生境相似性的基本策略、植物生态响应表征的有效策略、地带性植物适生性的典型策略、植物综合功能最大化的综合策略、自然演替的高级策略和提升植物物种多样性的终极策略作为城市多样化特殊生境配置植物时应当遵循的策略。第六，提出了可持续绿化的概念（本书 8.1 节），认为一次建成后从植物到介质、养分、水分都应该可维持持久而稳定的景观，不因生境空间的狭小而过早更换或补充，体现低维护理念。第七，提出了盆景理论（本书 8.2.1 节），首次对中国这一具有 7000 年发展史的艺术瑰宝揭示了其蕴含的基本理论，阐述其基本内涵，主要体现在根冠平衡和再平衡、根冠正向相关性、逆境提高根冠比和控制生长势。第八，提出适用于特殊生境的精准营养补充理论（本书 8.2.2 节），根据植物、土壤、养分三者之间复杂的响应关系，基于土壤养分变异和地下系统自循环原理，实行有针对性和差异化的高效施肥，实现最大限度肥料利用效率，减少浪费和环境污染。第九，提出适度生长势（本书 8.2.2 节）的理念，成为特殊生境绿化的适应性策略和管养模式的新理念，不以追求最佳生长势为目标，而是综合肥水适度从紧、允许轻度病虫害，结合慢生和平衡修剪等措施，体现节约、低维护和可持续的原则，实现延长绿化生命周期的目的。这九大理念形成了本书的理论体系，从中国城市化的特殊性导致的城市环境难题，到城市再造自然、重建生境及其绿化的解决对策，然后聚焦绿化实现过程中介质、植物、养管以及功能评价诸方面提出多项理念，为设计、营建和养管等技术环节提供丰富的理论支持。

产品（品种）上，实验筛选出适用特殊生境的植物，第一，筛选出 29 种适用于高架下低光照区域立体绿化的植物种（本书 5.3.2 节），如‘矮生’海桐、‘金边’柊树、‘金叶’龟甲冬青、‘金边’枸骨叶冬青、‘金叶’大花六道木、‘密枝’南天竹、‘花叶’加拿利洋常春藤和多枝紫金牛等。第二，调查分析获得 70 种适生于屋顶的矮生针叶植物（丛书二《屋顶花园与绿化技术》6.2.1 节），都在 5 星以上（最高 7 星），如铺地龙柏（7 星）、‘波浪’欧洲刺柏（7 星）、铺地柏（7 星）、‘贝尔星夜’北美乔松（7 星）等。第三，调查分析获得 85 种适生于屋顶的观赏草类植物（丛书二《屋顶花园与绿化技术》6.2.3 节），如须芒草（7 星）、小盼草（7 星）、蓝羊茅（7 星）、‘晨光’芒（7 星）等。第四，配方土，用于各种行道树的土壤改良，把碎石作为一种稳定性、孔隙度均较好的栽培介质，满足树木生长，可暂时储存雨水，又具承载支撑功能，已在上海部分行道树栽培改造项目中成功应用。第五，应用新开发的生态型固化介质，即以植物纤维为主要原材料，合成具有稳定性和持久性的物理结构的一种复合材料，既可作介质，又兼作容器，植物可以在其中长期生长，老根会自己消退变成营养，形成结构稳定，兼具适宜的透气性、保水性和排水性的可持续栽培介质，容重小，适用于屋顶和墙体绿化。

技术方法上，第一，建筑－绿化一体化技术（本书 7.3 节），通过把绿化纳入建筑设计，使之成为建筑的有机组成，统一设计、施工、调试和验收，完整地融入建筑，以节省工序、节约建设成本、丰富绿化形式，可避免二次建设对建筑的影响。第二，配方土技术（本书 4.2.3 节），针对行道树土壤黏重和透水、透气性差的问题而提出的改良配方，要求以砾石为主，辅助园土、有机介质土、土壤调理剂等，具有结构稳定、耐践踏等优点，同时物理性特好，透气性显著改善。第三，建立筛选植物的综合评估体系（本书 5.4 节），包括生态适应性、观赏特性、抗干扰性和多功能性等方面的多级指标。第四，雨水收集和利用技术（本书 6.4 节、8.1 节），通过整合雨水收集干管、弃流池、初期蓄水池、滤池、清水池、溢流管和灌溉系统等部分，起到收集、调蓄、净化和回用的作用。第五，可持续维护技术（本书 8.3 节），包括节水灌溉技术、平衡修剪技术、精准施肥技术、病虫害绿色防控技术，还包括基于机器学习的智能化养管技术。第六，智能化浇灌设施管理系统（本书 6.3 节），利用开发软件 APP 为技术端口，借助“互联网＋”和“物联网”实施人机交互，制定和实现自动灌溉策略。第七，申请和获得授权发明专利十多项，涉及适用于屋顶和立体生境的轻型介质配方、快速一体化成景天毯的介质配方、消除盐渍化的栽培介质、模块化垂直绿化装置、适用于低光照生境的垂直绿化方法和装置、可用于立体绿化的种植箱、基于风力控制的树木支撑装置等，形成特殊生境绿化的有力技术支持。

已有研究成果在保证绿化技术的安全、高效、经济等方面获得了突破，有利于实现特殊生境绿化的安全环保、生物多样性保护、快速成景、节能节水、智能管理等。基本上解决了推广所需的技术环节，并在大量的案例实践中获得了检验。

就本丛书而言，在《移动式绿化技术》中分析了移动式绿化的核心难题，包括气象难题、环境难题、空间限制难题和养护难题，在生境上表现为温度变化幅度大、光照时间长、硬质下垫面辐射和反射量大、容器受风面大、介质失水速度快、土壤板结和盐碱化以及容器空间限制等，对植物适生种提出了特殊要求。因为移动绿化的核心是在有限空间条件下，如何能保证植物根系的可持续生长，其中的理论是指导其他特殊生境绿化的基础，是最为重要的。

《屋顶花园与绿化技术》一书分析了屋顶花园生境的特殊性，比如光照强、昼夜温差大、风速大、空气湿度小、排水及时、介质易干旱、介质薄、根系生长空间小等，要求植物耐旱、耐寒、耐热、综合抗性强、植株低矮、生长慢等。可选择的植物种类有低矮针叶类、抗旱丛生灌木、观赏草类、景天和多肉类、抗旱地被类、蔬菜类、小乔木和小型竹类等。屋顶绿化的核心功能是降低屋面地表径流，屋面土层厚度取决于当地单次最大降雨量，从而决定种植植物的种类。

《建筑立面绿化技术》一书分析了建筑立面生境的特殊性，比如容易受到周围炫光的影响、容易出现湍流、介质易干旱、容器空间限制等，对适生植物提出了特殊要求，宜选择那些抗强光（或耐阴）、耐热、耐瘠薄、耐旱、耐污染、病虫害少、植株低矮、生长缓慢的植物种。

《行道树与广场绿化技术》强调了道路和广场生境的特殊性，比如地面反射光强、土壤密实度高、物理性质差、根系生长空间限制、易积水等，要求适生种耐热、耐旱、耐积水、耐瘠薄、耐修剪、耐污染，而且树形美。

正是由于生境的特殊性，要求在植物种筛选和规格选择、介质组成和厚度、灌溉排水系统等方面配套科学合理。不仅仅满足植物当下的成活和成长，而且应实现植物多年健康稳定的生长。既不致因植物枯死或早衰而增加频繁更换的成本，也不致因植株旺长而造成严重的根冠比失衡，对结构设施和景观造成破坏。所以要实现可持续的绿化，实现一次建成、多年受益、节水降耗和低维护。

9.2 反思

由于城市特殊生境的复杂多样性和绿化的特殊局限性，仍存在一些亟待解决的问题，主要分析如下。

（1）可持续绿化的目标与现实脱节。主要表现如植物种选择随意，造成成活率低下、年年更换，或者因过度旺长而造成有限介质养分的快速消耗、根系充满容器而不得不更换，或者植株过大而对建筑造成威胁，或者易风倒带来安全风险等。栽培介质直接采用大田原土，不符合轻型标准。灌溉方式陈旧，有的直接用水管漫灌喷灌，造成水资源浪费，或者干旱导致植物生长不良。

（2）筛选培育和应用综合抗性强的植物资源任重而道远。尽管每一类特殊生境绿化已有适生植物资源，但真正具有综合抗性的植物种较少，大多数种虽然具有某一方面强的抗性，但在别的抗逆性方面表现较弱。如景天属植物虽然具有强的抗旱性，但有的种耐寒性较差，难以适应冬季低温；或者耐热性较差，在夏季湿热高温的条件下表现不好。

新品种研发、种植设计和市场培育环节相脱离。20 世纪 50 年代麦克哈格（2016）就发现园林植物是从苗圃植物目录中选出来的，相互间很少有环境上的关联，而且本地植物很少。这种现象至今仍很严重，一方面，设计师笔下的很多“理想”植物无法在当地找到苗源，以致设计图纸无法落地，不得不更换植物种，导致很多拟自然群落模式不能实现；另一方面，苗圃经营管理水平低劣，只经销那些市场常见和观赏性高的种类，缺少前瞻性规划，不能起到引导绿化的作用。而且，很多新研发的名优新品种不能及时与苗圃经营者对接，无法转化为市场效益。结果导致城市植物多样性的限制，以及本地植物利用率的低下。

（3）特殊生境条件下植物响应机理探析。由于生境的特殊性，植物会表现出一些有别于正常环境下的特殊反应，比如生长势、生物量、叶绿素含量、净光合效率，以及绿叶期、开花结果物候特征等生物学、生理学、生态学指标会表现为怎样的状态？应该从机理上弄清楚，揭示植物在不同的生境条件下分别发生怎样的响应，及其机理如何。最终弄清楚每种植物的最佳适生条件以及生态幅，为筛选种质资源提供决策依据。

（4）介质的养分维持和活性增强机理探析。介质中的养分释放速率直接关系到植物生长状态和持久性。如果养分供应速率过快，虽然有利于植物的旺长，但会造成养分过早耗尽，是不可持续的；但如果养分释放太慢，造成介质营养低下，也是不利于植物正常生长的。所以维持适中的养分供应速率是必要的。这涉及有机质种类和特性、无机添加物（保水剂、缓释剂）的功效、微生物种群和数量、介质厚度、植物种及其根系吸收活动特点、立地生境条件（温湿度、光强、降雨量）等因素，应该弄清楚这些因素的作用原理，从而明确介质养分的维持机制，为实现可持续介质提供科学依据。

微生物对介质活性的促进作用已经得到证实，如光合细菌、酵母菌、放线菌等有益性 EM 菌。不过，需要进一步针对不同的有机质筛选合适的微生物材料，发掘更多的有益微生物资源。还要进一步弄清楚这些微生物分别与有机质和根系作用的机理，分解有机质的效率、条件、活性指标等，以及根系外源微生物与内源微生物的关系和功能分异，以期提高微生物综合效能。

（5）雨水收集利用与水质改善的原理和技术。在特殊生境条件下雨水收集会面临一些新问题，比如雨水池的大小设计，应结合绿化面积和需水量合理计算；雨水池的材料应研发新的轻型优质产品，以减轻自重对屋顶荷载的影响；雨水储蓄方法方式，防止水质降低、堵塞等问题，应探索先进的预处理技术和智能、量化控制技术措施。

实验证明屋顶花园既是径流水污染的源，又是降低径流水污染物的汇。那么应该采取怎样的方式才能变“源”为“汇”呢？应该进一步弄清楚影响径流水质量的因素及其影响原理，研究补充外源养分的控制和施入技术。

（6）养护新理念、新技术的探索。考虑到特殊生境绿化介质和植物的特殊性，不能像地面绿地那样追求最好的生长势，而应提出中度生长势的概念。需要结合实验和调查说明在特殊生境条件下生长势过旺的弊端、适度生长势的必要性，以及适度生长势条件下绿化寿命周期。进一步结合实验分析实现适度生长势的条件，从介质、植物、管理等方面制定标准和细则。

随着人工智能的深入发展，城市特殊生境绿化的日常管护都可以引入智能化技术。应该基于大数据收集，研发适于不同生境类型的植物与介质的水分监测和自动补充、营养监测和补充、病虫害诊断和防治等系列设备和技术。

（7）一体化技术探索。应结合建筑结构、高低、功能等探索合适的绿化一体化技术，弄清楚不同的绿化模式对建筑的影响，实现植物与介质、绿化与建筑的优化配置，制定标准和规范。结合示范工程进一步论证建筑－绿化一体化的可行性、有效性。我们不应该把绿化仅仅作为建筑或其他不透水表面的临时附着物，这不是简单的表皮绿化，而应该把绿化作为建筑有机体的一部分，使建筑－绿化成为有机的整体。同理，特殊生境绿化应该视为城市有机体的重要成分，无论屋顶绿色森林，还是建筑外表面植被体，以及大量的行道树，都应成为这座城市不可或缺的要素，是维持城市机体可持续运行的核心。

9.3 前景展望

利用工程化手段实现城市生境重建，可软化尽可能多的硬质空间，当然这个空间估计还是硬质的，但已经具备了滋养生命的新功能，如植物生长、储水等。这样的城市才是不断生长、富有生命力的，而不是死板的、静止的、缺乏变化的。采用工程化手段，只是换了芯子，并不换表皮，不影响城市原来的结构和功能，比如建（构）筑物的居住、工作、学习、交通等基本功能，但其外（内）表皮景观则完全改变了，赋予了生命的气息，城市更富于弹性。当然，这只是理想，而立面的空间，尤其是高层的立面空间可能在目前仍然会是一个美丽而难以企及的愿望。

随着城市化进程的深入，未来城市规模将不断扩大，呈无止境的超大规模扩张，涌现更多的高楼大厦及大规模的硬质空间。城市绿化显得更加弥足珍贵，对特殊生境绿化提出了更高的目标和要求。不仅城市中心，还包括城市的各个角落，都有不同的人群需要绿化营建的精神家园。由于物联网技术的发达，随着购物中心的萎缩，公共空间越来越有可能成为舒适宜人的共享空间或者称之为“城市会客厅”，通过绿化来实现。特别是由于网络社会的冲击，城市人的生活方式发生了很大变化，出现越来越多的宅族，不愿外出或接近自然，这时候家门口的自然显得尤为重要，随时随地可见的屋顶花园、立面绿化将有助于舒缓他们的精神。老龄化社会大量行动不便的老年群体更加需要家门口的花园，他们接触自然的最佳场所。学龄前儿童亦有此要求。

因此，未来城市特殊生境绿化具有巨大的发展空间，应该紧紧围绕生境的特殊性，深入思考植物的响应和生长趋势，筛选更多的适生树种，并提高介质活性，通过人工干预以提升植物在城市环境条件下的长期的可持续性。

不过，面对全球气候变暖的新形势，必须应对气候变化条件下对城市绿化的再思考。频发的极端气候条件会影响植物的生长，过冷或过热、水分过多或过于干旱，都增加了植物筛选的难度。必须综合生境改善、介质改良，为植物营造优化的生境。

未来的城市特殊生境绿化应该体现可持续绿化的理念。要求一次建成，可维持多年景观，尽最大可能地延长绿化生命周期，减少更换次数，降低绿化成本。可持续绿化要求从植物、介质、容器、管理等方面选择科学、合理的材料和技术，包括筛选高抗性植物资源、添加微生物和缓释性材料的可持续介质、选择控根容器、根冠平衡修剪和建筑－绿化一体化技术等，从而实现特殊生境条件下的可持续绿化。

可以看出，可持续绿化不仅是一个先进的理念，代表着未来城市特殊生境绿化的方向，更是一个复杂的系统性工程，涉及植物、介质、容器、结构材料、建筑、灌溉、施工、维护、技术等多个环节。要求每个环节符合可持续绿化的要求，通过制定严格而具体的技术规范，实行标准化作业，才可能实现可持续绿化。

首先，随着园艺育种技术的进步和抗逆性筛选研究的深入，将有更多的具有强综合抗性的植物资源，从而满足不同类型特殊生境绿化的需求，提高物种多样性。比如，将有更多的宿根花卉、观赏草种类应用于屋顶花园，更多的迷你型花灌木、观赏草类、宿根花卉应用于垂直绿化，延长绿化生命周期。矮生松柏类往往具有强的抗逆性，如果从根系特性上进行育种改良，将开发适应于屋顶薄介质层的新的变种和品种。此外，行道树方面应开发和筛选更多的浅根系树种，以适应街道狭小的树坑空间。同时，为了实现根冠比平衡，应选育更多的小冠形、圆锥形树种，以适应狭窄的街道，减轻与建筑的矛盾冲突。

其次，可持续性介质应该成为未来特殊生境绿化的主导栽培介质。要求介质不仅能够满足植物生长所需养分，而且肥效持久，能持续供应未来数年植物生长所需。理想的可持续介质不必每年补施肥料，依赖自身合理的配方材料，包括添加缓释性材料、微生物、有机和无机材料，增强保水保肥性能。一方面维系稳定的物理性架构，不致因有机质的消耗而塌陷；另一方面具充分的有机腐殖质，增强团粒结构，获得稳定而良好的缓释性能。

再次，容器作为植物根系和介质的载体，在容器栽培技术上不断改革。比如为了解决盘根问题就提出了控根容器技术，利用空气阻断根、促发侧根，有利于根系健壮生长，而且增加介质透气性。通过控根技术可实现全冠大苗移植，但并不是所有植物都适合控根技术。而且应该从废弃物再利用和新材料方面加强控根容器的研发，还可结合蓄排水设计新型容器，兼具蓄排水功能。因为对陆生植物而言，水也可以成为阻根的一大因素。此外，还必须根据设计的绿化生命周期选择大小和形状合适的容器，以保证根系生长空间，防止根冠比失衡。

最后，建筑－绿化一体化技术作为实现特殊生境可持续绿化的重要一环，应当成为未来屋顶绿化、垂直绿化的主导模式。在建筑的屋顶、露台、阳台、外立面等部位布置什么样的绿植景观，应当在建筑设计阶段就统筹考虑，然后根据植物种的要求规划合适的承重、预留空间，加强防水和阻根层、土层、灌溉设施、灯光等，实现建筑 - 绿化一体化设计。应该依据国家和地方法规有关配套屋顶绿化的要求，把屋顶绿化融入建筑设计和建设阶段，实现统筹布局，同步实施，从根本上实现可持续绿化。

总之，应该从综合抗性强的多年生植物、活性强的可持续介质、控根容器、根冠平衡修剪和建筑 - 绿化一体化技术等方面严格执行标准，实现特殊生境条件下的可持续绿化。这种绿化不是临时和短寿命的，而是可维持至少 5 年以上的绿期不需要更换。要求植物能长时间适生且生长缓慢，不会因植物过早枯死或后期植株体过大或根系过大而不得不更换；介质具有持久而稳定的养分，避免养分过快消耗而不得不依赖外源补充，还要有良好的保水性，减少水分和养分的流失；容器大小适宜而且可减少盘根出现；采取中度生长势模式，不再追求最佳生长势，允许轻度的病虫害，及时控制修剪，维持合理的根冠比；建筑 - 绿化一体化，把植物作为建筑的一部分，植物因建筑而生，建筑因植物而美，实现二者的和谐统一，而不是矛盾冲突。因此，应该围绕可持续绿化目标解决关键问题、明确核心标准、制定实施细则。

参考文献

[1] 伊恩 · 麦克哈格 . 生命 · 求索：麦克哈格自传 [M]. 北京：中国建筑工业出版社，2016.

后 记

拙著即将付梓，掩卷回顾，心情久久不能平复。从起稿到现在已经过去十余年，中国城市化仍在大踏步前进，在习近平“绿水青山就是金山银山”科学论断的引领下，中国从没有像今天这样重视环境保护和建设。普通民众也对人居环境提出了越来越高的要求，而且多年来国民经济的快速发展使得财政收入持续增长，城市生态环境建设面临前所未有的机遇和挑战。

城市作为一个高度人工化的特殊生态系统，需要通过工程化手段创造人化的自然，以满足城市人不断增长的绿化需求，特别是家门口的“自然”。不过，城市人虽然喜欢自然，但不喜欢满脚泥巴，他们渴望的是人工化的自然（洁净的自然），而不是原生态的自然。他们喜欢自然，但更喜欢有更多自主活动的空间；他们可能偏爱疏林草地，而不是密林灌丛。他们喜欢自然，喜欢自然界一年四季的不断变化之美，但至于是什么植物景观并不是每个人都关心的事情，他们普遍不熟悉植物物种。他们喜欢自然，希望在城市的有限空间内能有高大乔木的良好生长，但不知道这些地点是否适合大树，以及怎样实现大树的持久成长。

多年来从事屋顶花园、垂直绿化、移动式绿化和行道树绿化的研究和实践活动，我们深刻认识到城市生态修复的重要性、紧迫感和使命感。特别是中国国情的特殊性决定了城市特殊生境绿化的特殊意义。针对破坏了的城市生境，通过特殊生境绿化可在一定程度上实现城市生态修复，改善城市环境，提高城市韧弹性。

特殊生境绿化旨在通过人工调控干预，对硬质的不透水下垫面进行改造，模拟自然，设计和选择合适的介质、植物、配套设施等，根据平衡修剪原理，对植物的根系和冠层设计合理的结构和大小，以维持合理而稳定的根冠比，实现植物可持续生长，延长绿化寿命周期。然而，在编撰丛书和调查实践过程中我们发现，公众对多个类型的特殊生境绿化还存在认识上的误区，担心技术不过关，会对建筑造成伤害，甚至政府管理者不主动推进，存在“摆花瓶”的推诿思想。相对于欧美日对屋顶花园功能认知不断深入和引领，中国还有较大差距。全面系统地归纳分析城市特殊生境绿化的理论和技术显得尤为迫切。我们希望通过这套丛书让大众知道城市重建自然的必要性和可行性，知道积累的成熟技术是可以支撑城市第二自然的，可以使更多的冰冷混凝土表面恢复生机，重建花园城市。

人工辅助工程化手段成为特殊生境绿化的重要属性，包括植物筛选和生长空间的营建、介质配方和置入、结构层铺设、承重结构的支架支撑、临时的雨水储存等，通过一体化技术，实现生态、观赏、社会等所有功能的有机整合。在编纂过程中感受到理论需要不断创新，比如在有限地下生态空间条件下植物根冠的再平衡机制；技术需要不断革新，比如基于大数据的智能化养管技术。城市生态系统的复杂性、多样性、社会性和动态性对特殊生境绿化提出了更高的要求，需要综合考虑人口、社会、经济、生态等更多的因素。应该加强与国际同行的交流，引进先进的理念和技术，包括研究的设备和技术，共同推动城市特殊生境绿化，追求韧性城市的目标。

需要指出的是，该套书出版过程中因为写作周期拉得较长，随着经济社会的持续发展，公众对城市环境提出更新更高的要求，我们尽可能地去体现，因水平有限，仍有难以满足的地方，留待以后去解决。